The Education of Children

儿童的人格教育

Alfred Adler

[奥] 阿尔弗雷德 · 阿德勒 著

牛海群 译

中国出版集团 東方出版中心

图书在版编目（CIP）数据

儿童的人格教育 /（奥）阿尔弗雷德·阿德勒著；牛海群译. —上海：东方出版中心，2024.1
ISBN 978-7-5473-2300-7

Ⅰ.①儿… Ⅱ.①阿… ②牛… Ⅲ.①儿童心理学－人格心理学 Ⅳ.①B844.1

中国国家版本馆CIP数据核字（2023）第223230号

儿童的人格教育

著　　者　[奥]阿尔弗雷德·阿德勒
译　　者　牛海群
策划编辑　陈哲泓
责任编辑　时方圆
装帧设计　徐　翔

出 版 人　陈义望
出版发行　东方出版中心
地　　址　上海市仙霞路345号
邮政编码　200336
电　　话　021-62417400
印 刷 者　上海万卷印刷股份有限公司

开　　本　890mm×1240mm　1/32
印　　张　7
字　　数　116千字
版　　次　2024年4月第1版
印　　次　2024年4月第1次印刷
定　　价　49.80元

目录

译序

阿尔弗雷德·阿德勒（Alfred Adler，1870—1937）是奥地利心理学家和精神病学家，也是个体心理学的创始人。1870 年 2 月 7 日，阿德勒出生在维也纳一个犹太商人家庭，是家中的次子。他自小患有佝偻病，导致 4 岁才学会行走，又在 5 岁患上肺炎，险些丧命。而在他那长相英俊、身体健康的哥哥的光环下，阿德勒的童年更算不上快乐。1879 年，阿德勒进入中学读书，但常常因为数学不好受到老师的轻视。好在父亲没有放弃他，而阿德勒自己也受到自卑感的驱动开始奋发图强，于 1988 年以优异成绩考入维也纳医学院，并在 7 年后获得医学博士学位。在医学院期间，阿德勒接受了眼科、神经内科和精神医学的全面训练，同时还学习了心理学、社会学和哲学相关领域的知识。1897 年，阿德勒与来自俄国的莱莎（Raissa Timofeivna Epstein）结婚，婚后育有四子，其中，次女亚历山德拉（Alexandra）和儿子库尔特（Kurt）后来也成为心理学家，继承了父亲的个体心理学事业。1899 年，阿德勒在维也纳开设了自己的诊所，在与这些寻求治疗的人的接触中，他发现身体上的缺陷会引起人们的自卑感并不断寻求超越。这些临床经验加上阿德勒自身童年早期所遭遇的一切，促使他形成极具代表性的自卑与补偿心理理论。

1902年，阿德勒因写了一篇支持《梦的解析》的文章结识了弗洛伊德。弗洛伊德很是欣赏这位年轻博士，并邀请阿德勒参加星期三精神分析讨论会，还在之后推荐他担任精神分析协会的第一任主席。然而，阿德勒的心理学观点始终与弗洛伊德有着较大的分歧，在1907年出版的《器官缺陷及其心理补偿的研究》一书中便可看出一二。前者从器官缺陷引发的自卑与补偿心理解释个体行为的动力；而后者十分强调性的驱动作用。1911年，阿德勒甚至公然抨击弗洛伊德的性本能说，主张社会因素的影响，这也导致二人最终分道扬镳。1912年，阿德勒正式将自己的心理学思想体系命名为个体心理学，并在之后的二十余年里，主持召开多次国际个体心理学大会、创办个体心理学杂志、与同事开办学校和儿童指导中心、频繁受邀到各国演讲，并出版了多部有关器官缺陷、心理补偿、人格发展等方面的作品。在他的影响下，越来越多志同道合的人加入这个流派，使得个体心理学队伍不断发展壮大。然而，1937年5月28日，阿德勒应邀赴苏格兰阿伯丁演讲时因劳累过度，心脏病突发，不幸逝世，享年67岁。

阿德勒的个体心理学体系中蕴含着极为丰富的教育思想，本书更是集中体现了他对儿童教育的看法，也成为儿童心理学、教育心理学研究的重要著作。阿德勒先从整体上呈现了个体心理学的观点，表达对儿童人格教育的重视以及成人在其中的重要引导作用。在之后的每个章节里，阿德勒就某一主题进行详细讨论，伴有真实案例的佐证，生动刻画了儿童成长过程中遇到的各种问题。具体而言，第二章从人格统一性的角度出发，提出学校应该将儿童当作具有整体人格的独立个体来看待，而不是截取他们的单个错误行为来对之定性。第三至六章深度剖析了儿童对优越感的追求以及潜藏在背后的自卑感。在阿德勒看来，儿童的身体缺陷、受挫、嫉妒、左撇子、口吃、尿床、懒惰等行为表现和症状均与对优越感的追求和对自卑感的消除有关。当环境助长了儿童的自卑感和不安全感时，被激发出的努力寻求自我肯定的欲望会促使儿童产生超越行为；但如果这种欲望格外强烈，超出了自身能力范围，则会使其丧失勇气和自信，乃至产生不良行为。此时，学校和老师要做的就是抱以耐心和鼓励的态度，避免儿童产生过度的自卑感，并将他们对优越感的追求引向对社会有益的方面，帮助他们重获勇气和信心。第七至八章分别表达了社会情感的培养、儿童在家庭中的排序位置对其发展的重要性。社会情感传达的是个体在一定程度上需依赖群体才能取得成就，这是儿童合作性的体现，是他们为以后适应社会所必须发展的能力。至于儿童在家庭中的处境，成人需要意识到相同的家庭环境并不一定会造就相同的人格；一个儿童的发展会深受另一个儿童性格特征的影响，而优秀的和顽劣的孩子会朝着相反的方向实现对优越感的追求。第九至十章则强调要训练儿童对新环境的准备水平。全新的环境，如进入学校、被收养、成为继子女或私生子等，是对儿童准备情况的一种检验：准备充分的儿童会满怀信心地迎接新变动，而准备不足的儿童则会紧张不安，产生无能感。阿德勒还表示，儿童良好的入学准备离不开学校和老师对其心理的充分了解和灵活运用。第十一至十二章揭示了影响儿童发展的其他方面，包括外界的环境因素（如经济、疾病、陌生人、偏见、亲属、读物等）、青春期的特殊性和性教育问题。第十三章以对一个案例的深入分析表达了在出现教育失误时，亦可采取补救措施来保证儿童的健康发展。最后一章则诠释了与父母通力合作进行儿童教育的必要性。

在阿德勒看来，儿童合作能力的培养是教育最重要的目标，进一步说，就是帮助他们塑造健全的人格，使之日后成为合格的社会成员。由此，观察儿童的生活风格，读懂他们行为背后的自卑与超越行为，发展他们的社会兴趣，培养他们的社会情感，给予正确的指导和帮助，是教育工作者和父母必须重视的事。阿德勒在书中给出的透彻分析与解决方案，对为人父母者、教育工作者以及儿童教育关注者，都具有极大的启发意义。

本书根据劳特里奇（Routledge）出版社 1930 年版译出，并添加边码便于读者对照。在翻译过程中，译者一直希望能在内容和形式上均忠于原意，但或仍有不当之处，敬请读者指正。

译　者

第一章 3

引　言

从心理学的角度来看，对于成人而言，教育可以归结为自我认识和自我指导的问题。对儿童来说情况也差不多，不同之处在于成人只是偶尔需要指导，但对儿童的指导就异常重要，因为他们尚未发育完全，能力上还有所欠缺。愿意的话，我们完全可以放任儿童按照他们自己的意愿成长。另外，如果有两万年的时间，且在良好的环境下发展，儿童终会达到成年人的文明标准，但这显然不可能。因此，成人必须关注并引导儿童的成长。

其中最大的挑战莫过于对儿童的无知。因为要成年人
认清自我的本质、明白情绪的起因、知晓爱憎的缘由，也 4
就是了解自己的心理历程已实属不易，更何况是了解儿
童，还要在掌握恰当知识的基础上去指导他们，这简直难
上加难。

个体心理学专注于研究儿童心理，不仅因为这个领域本身的重要性，还因为它能从侧面揭示成人的性格特征与

行为举止。和其他心理学不同，个体心理学无法容忍理论与实践脱节。它侧重人格的统一性，研究人格在发展与表达过程中的动态变化。从这一立场出发，科学知识已然是一种实践智慧，因为这种知识源于对错误的了解。不论是心理学家、父母、朋友，还是个体本身，只要掌握了这样的知识，就能懂得如何运用它们来指导人格的发展。

个体心理学所采用的这种研究方法，使得它的所有论述形成一个有机整体。个体心理学认为，个体的行为受其整体人格驱动和指导。因此，无论个体心理学对人类行为做出了何种解释，它都反映了心理活动表现出的相同内在
5 联系。本书引言部分试图从整体上对个体心理学的观点加以论述，而在之后的章节里则会更详细地探讨这里提出的各种相关问题。

人类发展的一个基本事实就是，人的精神追求总是动态的，且具有目的性。儿童自出生起，就不断追求发展，追求一种伟大、完善和优越的美好图景，这是在无意识中形成的，却无时不在。这种有目的的追求自然就反映了人独特的思考和想象能力，也决定了我们生命中所有的具体行为，甚至主宰着我们的思想。因为我们并非客观地，而是根据已形成的生活目标和生活方式去思考。

人格的统一性隐含在每个人的存在中。任何个体都代表着人格的统一和对这种统一性的个人塑造。因此，个体

既是一幅画作，也是作画的艺术家。每个人都是自己人格
的创作者，可我们并不尽善尽美，也不具备对灵魂和肉体
的全面认识。我们只是一个脆弱无助、易犯错误和不甚完
美的存在。

要研究人格的建构，必须得注意一点，那就是人格的 6
统一性及其独特的风格和目标并不基于客观现实，而是基
于个体对生活事实的主观看法。个体对客观事实的观念和
看法绝不是事实本身，正因如此，人类虽然生活在同一个
现实世界中，却成长为各不相同的个体。每个人都根据自
己对事物的看法来塑造自身，有些看法很正确又合理，而
有些就没那么正确了。我们必须始终考虑到个体在成长过
程中出现的这些错误与失败，更要格外注意童年早期对事
物的不当认知，因为正是这些主导着他后来的人生轨迹。

有个真实的例子。一位52岁的女人总是贬损比她年长
的女性，她说因为小时候所有人都只关注姐姐，没人注意
到自己，她就总有一种屈辱感和无价值感。运用个体心理
学的“纵向”观察方法来探讨这一案例，可以发现相同的
心理机制与心理动力始终贯穿这个女人的童年和现在（也 7
就是生命晚期）：担心别人看不起她；一旦发现别人比自
己更受欢迎，就心生怨恨。因此，即使我们对这个女人的
生活和整体人格一无所知，也可以根据这两个事实来填补
对她的认知空白。就这点而言，心理学家就像小说家一
样，以一种明确的活动形式、生活风格或行为模式为主线

来建构人物，以确保他的整体人格不会被破坏。一个优秀的心理学家甚至能够预测这个女人在特定情境下的行为，并能够清晰地描绘出她独特的“生命主线”所附带的人格特质。

人格的构建离不开个体的努力和追求，而这种追求有
一个重要的心理学前提，那就是人的自卑感。儿童生来就
有自卑感，它会激发儿童的想象力，激励他们试图通过改
8 善自己的处境来消除内心的自卑感。心理学将这种通过改
善个人处境以减少自卑感的现象称为心理补偿（compen-
sation）。

自卑感和心理补偿机制的共同点在于，它们为人类开启了巨大的容错空间。自卑感可能会激励个体去获得成就；也有可能只会引起单纯的心理调整，进而扩大个体和客观现实之间的鸿沟；又或者因为自卑感过重，只能通过发展心理补偿性特质来克服，但最终并不能完全克服这种情况，只在心理层面上是必不可少的。

有三类儿童明显表现出补偿性特质：生来就有器官缺陷或体质虚弱的儿童；受到严厉管教且没有得到关爱的儿童；娇惯坏了的儿童。

这三种类型代表了儿童的三种基本处境，可作为例证
9 来研究和理解正常类型儿童的成长。尽管不是每个儿童生
来就残疾，但令人吃惊的是，很多孩子都表现出某些由于
身体欠佳或器官缺陷所引发的心理特质。我们可以通过残

疾儿童的极端例子来研究这些心理特质的原型。至于被管教和被溺爱的儿童，其实所有儿童或多或少都属于其中一类，甚至两者兼而有之。

上述三种基本处境都会使儿童产生欠缺感和自卑感，进而形成一种超越人类可能性的雄心（ambition）。自卑感与追求优越感始终是生活中同一个基本事实的两个阶段，因此密不可分。在病理学上，我们很难判断是过度的自卑还是极致的优越对个体的伤害更大，二者通常会按照一定
的节律依次出现。过度自卑会刺激儿童产生极端的雄心， 10
而这种雄心有时又会毒害他的心灵，令他永不满足。这种不满并没有引发有意义的行为，也不会结出任何果实，因为它受到了不相称的雄心的滋养。这种雄心还与个体的性格和怪癖纠缠在一起，不断地刺激儿童，令他们变得非常敏感、警惕，以防受到伤害或被践踏。

《个体心理学杂志》中的案例全是这种类型的，他们或是成为能力停滞不前的个体，或是变得“神经兮兮”，性格古怪。若发展至极端，则变得极不负责，并走向犯罪，因为他们眼中只有自己，从不考虑他人。他们绝对是道德上和心理上的自我主义者，当中有些人会回避现实和客观事实，为自己构筑一个全新的幻想世界。他们做着白日梦，沉溺于幻想世界，似乎幻想世界就是现实世界。于是，他们终于成功获得了心灵的安宁，而实际上，他们只是在脑海中虚构了另一种现实，借以达到心灵与现实之间的和解。

11 在儿童或个体成长的过程中，心理学家和父母需要特别注意他们是否表现出一定程度的社会情感。社会情感在发展中起着决定性和指导性作用，任何削弱社会情感的障碍都会严重危害儿童的心理成长。社会情感是儿童正常发展的晴雨表。

个体心理学就是围绕社会情感的根本原则来发展相应的教育方法。家长或监护人不应该只让儿童依恋某一个人，若是这样，孩子势必不能为将来的生活做好准备。

了解儿童社会情感发展程度的一个好方法，就是仔细观察他入学时的表现。一旦进入校门，儿童就将首次迎来人生最困难的考验。学校对儿童来说是一个全新的环境，可以检测出儿童对新环境是否准备充分，尤其是对与人相处是否准备充分。

人们普遍缺乏帮助儿童做好入学准备的知识，这也是为什么许多成年人在回想他们的学校生活时，总觉得那简
12 直是一场噩梦。如果教育得法，学校自然也能弥补儿童早期教育的欠缺之处。理想的学校可以成为家庭和现实世界之间的调节者，它不应该只是一个传授书本知识的地方，还应该教授生活知识和生活艺术。不过，在等待理想学校出现以弥补家庭教育缺陷的同时，我们也应该关注家庭教育中存在的弊端。

正因为学校还不是一个十全十美的环境，因此可以作为一个显示器，暴露家庭教育的弊端。如果父母没有教育

好自己的孩子如何与他人相处，那么他们在入学时就会感到孤立无援，别的小孩会认为他们性格古怪、孤僻。这反过来又会强化儿童初始的孤僻倾向，他们的正常发展由此受到阻碍，并成长为问题儿童。人们常把这种情况的出现归咎于学校，但学校只是引出了家庭教育的潜在问题而已。

关于问题儿童能否在学校取得进步，个体心理学还没
有定论。不过，我们总能证明如果一个儿童开始在学校遭
遇失败，那将是一个危险的信号。与其说这是学习的失 13
败，还不如说是心理上的失败。这意味着儿童开始对自己丧失信心，他的挫败感开始蔓延，回避有意义的行动和任务，而寻找另一条出路——一条通往自由和能轻轻松松成功的道路。他不走社会已规划好的大道，而是选择能获取某种优越来补偿其自卑感的秘密小道。对丧失信心的儿童来说，选择最为迅捷的成功之道，最具吸引力。与遵循既定的社会道路相比，甩开社会责任和道德责任，会更容易将自我与他人区分开来，还会给自己带来一种征服者的感觉。尽管他们的外在表现相当勇敢无畏，但选择捷径恰恰显示了他们内在的怯懦和虚弱。这种人只肯做十拿九稳的事情，借以炫耀自己的优越。

正如我们看到的那样，作奸犯科之人尽管表面上无所畏惧，骨子里却十分懦弱。我们也能发现，在不那么危险的情况下，儿童如何通过各种微小的迹象暴露出他们的软

14 弱感。例如，我们经常看到有些儿童（还有成人）站不直，总是倚靠着什么东西。旧有的训练方法和理解方式，只能治好症状，但无法根除潜在问题。一般我们会对这样的孩子说，“别老靠在墙上！”其实儿童倚靠在什么上并不重要，重要的是他们总渴求得到帮助和支持的心理。惩罚或奖励固然可以很快消除这类儿童的软弱表现，但他们强烈渴求帮助的心理并没有得到满足。他的毛病依然存在！只有优秀的教育者才能读懂儿童的这些迹象，并以同情和理解去帮助他们消除这种毛病的根源。

我们通常可以从某个单一的迹象推断出儿童所具有的品质和特征。如果某个儿童表现出对倚靠在某种东西上的渴求，我们立刻就知道，他肯定会有诸如焦虑、依赖等特质。把他的情况与我们熟知的有类似情况的其他儿童作一比较，就可以重建这种类型儿童的人格，而且可以很轻易地确定，他属于被娇惯坏了的那一类。

现在我们来探讨另一类从未受到关爱的儿童的性格特
15 征。我们从那些罪大恶极的人的生平中可以发现，这类儿童的性格特征在他们身上展现得淋漓尽致。其中一个最突出的现象就是他们在孩提时代都受到过恶劣对待。因而，他们就形成了冷酷的性格，满怀嫉妒和恨意，见不得别人幸福。这一类嫉妒者不仅存在于恶棍中，在所谓正常人当中也不乏其例。他们在管教孩子时会认定孩子不应该比他们小时候过得更幸福。这种父母不仅会对自己的孩子持这样的态度，而且在监护其他孩子时也会如此。

这样的观念和看法并不是出于恶意，它们只是反映了那些在成长过程中受到恶劣对待的人的精神状态。这类人还有充分的理由和格言来为自己的行为辩护，例如“闲了棍子，害了孩子”。这些人不停地拿出证据和例子来证明自己的行为，但都无法使我们相信这样就是对的。因为僵化的、专横的教育毫无意义，只会使儿童疏远他们的教育者。

通过对不同的、彼此关联的症状的观察，并在若干实 16
践之后，心理学家就可以建构出个体的人格系统，并借此揭示个体隐蔽的心理过程。尽管我们通过这个系统所检验的每个点都反映了整体人格的某一部分，但只有每个点上出现相同的特征时，我们才会感到满意。因此，个体心理学既是一门科学，也是一门艺术。我们必须反复强调一点：这种推论和概念系统不应以僵化机械的方式应用于正在接受考察的个体身上。个体才是所有研究的重点，我们不可能从一个人的个别表现中就得出影响深远的结论，而是要找到可能支持我们结论的方方面面。只有当我们成功地证实最初的假设，例如，能够在个体行为的其他方面也发现同样的气馁和固执时，我们才可以有把握地说，这个人的整体人格中具有气馁和固执的特质。

这里需要记住的是，我们的研究对象并不清楚自己的 17
表现方式，所以也就无法隐藏真正的自我。儿童的人格并不反映在他对自己的看法和想法上，而是通过他在环境中的行动表现出来，因此，我们是从行动来认识儿童的人格。这绝不是说他故意对我们说谎，而是我们已经认识到，一个人有意识的思想和无意识的动机之间存在着巨大的鸿沟。这个鸿沟最好由能保持客观但富有同情心的旁观者来弥合，这个旁观者可以是心理学家、父母，也可以是教师。重要的是，他们应该在客观事实的基础上来解释个体的人格，因为这些客观事实虽然是个体有目的的表达，但多少还是带点无意识的表露。

因此，对个人生活和社会生活的三个基本问题的态度，要比其他任何问题更能表现个体真正的自我。第一个是社会关系问题，这在我们探讨对现实的主客观看法的矛盾时已经论述过。不过，社会关系还体现在结交朋友和与人相处这样具体的任务上。个体如何面对这一问题？他的回应又是什么？如果一个人说他不在乎是否有朋友，也不
18 在乎是否拥有社会关系，以为这样他就可以回避社会关系的问题，那么，“无所谓”就是他对这个问题的回应。从这一态度中，我们当然可以对他人格的方向和结构盖棺定论。此外，还应注意的是，社会关系并不局限于如何结交朋友和与人交往，还包括友谊、情谊、信任和忠诚等关于这些关系的抽象观念。对于社会关系问题的回应同样体现了个体对这些概念的理解。

第二个基本问题涉及个体想如何过完这一生，也就是

说，他想在普遍的社会分工中承担什么角色。如果社会问
题由不止一个自我的你—我关系所决定，那么，我们同样
可以认为，第二个问题是由人类—世界的基本关系决定
的。如果我们把所有的人都简化为一个人，那么，这个人
还是与世界关联着。他向世界希冀着什么？就像对第一个
问题的回答一样，职业问题也不是单方面的或私人的，而
是涉及人和世界的关系，不完全由个体的意志所决定。成 19
功并不取决于我们的个人意愿，而是与客观现实有关。基
于这个原因，个体对职业问题的回答及其回答的方式高度
反映了他的人格及其对生活的态度。

第三个问题来自人类分为两种性别的事实。这个问题的解决同样不是个体单方面的和主观的事情，而是必须和两性关系的内在客观逻辑一致。我应该如何与异性相处？把这个问题当成典型的个人问题同样是错误的。只有仔细考虑所有与两性关系相关的问题，我们才能获得正确的解决方法。显然，对爱情和婚姻正解的任何偏离都体现了人格的缺陷和缺失。许多因对这个问题处理不当而产生的不利后果，都可以从更为根本的人格缺陷的角度加以解释。

因此，我们完全能够根据对这三个问题的回答，发现
个体大致的生活风格和独特目标。生活目标才是至高无上 20
的，它决定了一个人的生活风格，并反映在他行为的方方
面面。所以，如果一个人的目标是成为合作进取的人，是

指向生活的建设性一面，那么，在他对所有问题的解决方法中就会突显出这一目标，反映出其中建设性的一面。个体也会在这种建设性和有益的活动中收获幸福感、价值感和力量感。但一个人的目标若是指向生活中的消极一面，那么，个体不仅无法解决这些基本问题，也不会从妥善解决这些问题的过程中获得快乐。

这些基本问题之间存在着很强的关联性，由于在社会生活中这些问题还会衍生出一些特定的任务，而这些特定的任务又必须在社会背景或公共环境下，即在社会情感的基础上才可以得到妥善处理，这反过来又增强了这些基本问题之间的联系。这些任务开始于儿童早期，在与兄弟、
21 姐妹、父母、亲戚、熟人、伙伴、朋友和老师的关系中，在这些社会生活的刺激下，我们的感官发展了看、听、说等方面的能力。这些任务还以同样的方式伴随一个人的一生，可以说，谁要是脱离了与同伴的社会接触，谁就会迷失自我。

因此，个体心理学有充足的理由认为，所谓“正确的”事就一定是对社会有益的。对社会规范的任何偏离都可视为对“正道”的偏离，并将和现实的客观法则以及客观必然性发生冲突。这种与客观性的冲突将使行为人产生明显的无价值感，也会引起受害者更为强烈的报复。最后要强调的一点是，对社会规范的偏离还违反了人们内在的社会理想，而我们每个人都有意无意地怀有这种理想。

个体心理学特别强调把儿童对社会情感的态度看作其
发展的检测器，因此个体心理学很容易确定和评价儿童的
生活风格。因为一旦儿童遇到生活问题，他就像在接受考
验一样，会暴露出是否“正确地”准备好了。换句话说，
我们可以从中看出他是否拥有社会情感，是否具备勇气和 22
理解力，是否追求有益的目标。然后我们就会发现他向上
努力的方式和节奏、自卑感的程度以及社会意识的强度。
所有这些交织在一起，彼此渗透，然后形成一个有机的不
可分割的统一体。这个统一体是不可分割的，除非发现了
结构缺陷并重建统一体。

23

第二章

人格的统一性

儿童的心理生活很是奇妙，无论哪一点都令人着迷。最明显的一点就是，如果我们想要理解儿童的某一特定行为，就必须首先了解其整个生活史。儿童的每个行动都是他总体生活和整体人格的表达，不了解行为中隐蔽的生活背景就无从理解他所做的事。我们把这种现象称为人格的统一性。

人格统一性的形成和发展就是行动和表达协调成单一模式的过程，这一过程很早就开始了。生活要求儿童整合自己的反应方式，而这种对情境的反应不仅构成了儿童的性格，也让他所有的行动变得个性化，从而与其他儿童区别开来。

24 绝大多数心理学流派通常都忽视了人格的统一性，即便不是完全忽视，也不曾予以应有的重视。结果，这些心理学理论或精神病学实践经常把一个特定手势或特定的表达单独拎出来，似乎它们是一个独立的存在。有时这种表达被称为一种情结，假定它们可以从个体的其他活动中被分割开来。这种处理方式相当于从一段完整的旋律中挑出一个音符，然后试图脱离组成旋律的其他音符来理解该单一音符的含义。这种做法显然欠妥，却相当普遍。

个体心理学被迫站出来反对这种广为流行的错误做法，当这种做法被用于儿童的教育中时，尤其会造成不小的危害。惩罚理论就是如此，如果儿童做了招致惩罚的事情，一般会发生什么呢？那就是人们通常会想到儿童的人格留给他们的总体印象，但这样往往是不对的。因为如果这个儿童经常犯此错误，教师或家长就很容易抱有偏见，25
认为他屡教不改。而要是这个儿童其他方面表现良好，那么人们通常会由于这种总体的好印象而不会那么严厉地处置他。不过，这两种情况都没有触及问题的根源，即要在全面理解儿童人格统一性的基础上，探讨这种犯错误的情况是如何发生的，就像在整个旋律背景中来理解某个单一音符的含义一样。

如果直接问一个儿童他为什么这么懒，我们就不要期望他能够认识到我们想知道的根本原因。同样，我们也不要期望一个儿童会告诉我们他为什么撒谎。几千年来，深谙人性的苏格拉底的话一直萦绕耳边，“认识自己是多么地困难”。所以说，我们怎么能期望一个孩子能够回答如此复杂的问题呢？这些问题对心理学家而言都很难解决。要想了解个体某一行为表达的意义，前提是我们要有方法能够认识他的整体人格。这不是说要去描述儿童做了什么和怎么做的，而是要理解儿童对面临的任务所采取的态度。

26 下面这个例子告诉我们了解儿童整体的生活背景有多么重要。一个 13 岁的男孩有一个妹妹。5 岁以前他是家里唯一的孩子，度过了一段美好的时光，直到妹妹出生。之前周围的每一个人都乐于满足他的任何要求，妈妈非常宠爱他，爸爸脾气好，爱安静，很享受儿子依赖他。但爸爸是个军官，经常不在家，小男孩自然跟妈妈更亲近些。妈妈是一个聪明善良的女人，总是试图满足她那依赖但固执的儿子的每一个心血来潮的要求。尽管如此，当这个小男孩表现出没有教养和有威胁性的行为时，妈妈也会经常感到恼火。于是，母子关系开始紧张。主要表现在这个男孩总是试图支配母亲，对她专横霸道，发号施令，总之，就是以各种讨厌的方式随时随地寻求他人关注。

虽然这个孩子给他妈妈制造了很多麻烦，但他本性并
不太坏。因此，妈妈还是会依从他，帮他整理衣服，给他
27 辅导功课。这个男孩知道妈妈一定会帮他解决任何困难。
毫无疑问，他是个聪明的孩子，也像普通儿童一样受着良好的教育，并以优异的成绩读完小学。直到八岁那年，他性情大变，使得父母对他也难以忍受。他变得自暴自弃，无所用心，懒散拖沓，常使妈妈盛怒不已；一旦没有给他想要的东西，还会扯妈妈的头发、拧耳朵、掰手指，不让妈妈片刻安宁。他拒绝改正自己的行为方式，随着妹妹

越长越大，他愈加固守自己的行为模式。小妹妹很快就成为他的捉弄目标，虽然还不至于对妹妹有肢体上的攻击，但他的嫉妒之心显而易见。他的恶劣行为开始于妹妹的出生，因为从那时起，妹妹就替代他成了家里的关注焦点。

需要特别强调的是，当一个孩子的行为变坏，或出现令人不快的新迹象时，我们不仅要注意这种行为开始出现的时间，还要注意它产生的原因。这里使用“原因”一词时应该小心，因为一般没人会想到妹妹的出生竟然是哥哥 28
成为问题儿童的原因。但这种情况却经常发生，并且只会被看作这个哥哥对妹妹出生这件事的态度有问题。这不算严格意义上的科学因果关系，因为我们可以断定，落向地面的石头必然会以一定的方向和速度下落，但我们不能说一个孩子的行为之所以变坏，必然是因为另一个孩子的出生。而个体心理学所作的研究使我们有权声明，在心理“落差”方面，严格意义上的因果关系并不起作用，而那些不时产生的大大小小的错误则确实影响着个体的未来成长。

人的心理发展过程会出现错误，而且这些错误所导致的结果会左右个体行为或人生方向，这没什么好奇怪的。问题的根源在于心理目标的设定，因为目标的设定和判断有关，而一旦涉及判断，就会出现犯错的可能性。目标的确定在童年早期就开始了，儿童通常在两三岁就为自己确 29

定了一个追求优越感的目标。这个目标总是在前方指引着他，激励他以自己的方式去追求这个目标。错误目标的确定通常是基于错误的判断。不过，目标一旦确定就不易改变，它会不同程度地约束和控制儿童。儿童会通过具体的行动落实自己的目标，也会调整他的生活，以便全力以赴地追求和实现这个目标。

因此，我们一定要记住，儿童对事物个体性的理解决定着他的成长；而且如果儿童陷入新的困难处境，他的行为会受制于已经形成的错误观念。正如之前所说，情境给儿童留下印象的深度或特征，并不取决于客观的事实或情况（如另一个孩子的出生），而是取决于他们看待事实或情境的方式。这是反驳严格因果论的充分依据：客观事实及其绝对含义之间必然存在着联系，但客观事实和对事实的错误看法之间不存在这种联系。

我们的心理最为奇妙之处在于，我们对事实的看法而
30 非事实本身，决定了我们的行动方向。这一点特别重要，因为对事实的看法是我们行动规范的基础，也是我们人格建构的基础。人的主观看法影响行动的经典例子就是恺撒登陆埃及。恺撒踏上海岸时不小心被绊倒在地，罗马士兵将其视为不祥之兆，如果不是恺撒机智地张开双臂，激动地喊道：“你属于我了，非洲！”那么罗马士兵肯定掉头返回了，尽管他们都英勇无畏。从中我们可以看出，现实结构的因果性是多么微小，而现实又是如何被我们结构化的

和整合良好的人格制约和决定的。同样的道理也适用于群氓心理与理性的关系：如果一种群氓心理让位于常识理性，那并不是因为群氓心理或常识理性由情境决定，而是因为两者都是对环境产生的自发性看法。通常只有在错误行为或观点受到批判时，才会出现理性常识。

再回到那个小男孩的故事。我们可以想象，这个小男孩很快就会陷入困境，人们不再喜欢他，他在学校进步也不大，依然我行我素。他还是会不断干扰别人，这是他人 31
格的完整表现。接着会怎么样呢？他一骚扰别人，就会受到惩罚。或是会被记录在案，或是向他父母寄送投诉信。若还是屡教不改，学校就会建议父母把这孩子领回去，因为他显然不适应学校生活。

对于这种解决方法，小男孩可能比任何人都开心，这正是他想要的。他行动模式的逻辑连贯性再次体现了他的态度，虽然这是一个错误的态度，但是这个态度一旦形成，就不易改变。他总想成为众人注视的焦点，这是他所犯的一个根本错误。如果说他应该因犯错而受到惩罚，那么，这就是致使他受到惩罚的错误。正是这个想成为焦点的错误，使他总是不断地试图让母亲围着他转，也因此，他俨若君王，拥有绝对的权力达 8 年之久，直到他突然被剥夺了王位。在丧失自己的王冠之前，他只为妈妈而存在，妈妈也只为他而存在。后来妹妹出生了，霸占了他在家庭的位置，因此，他想拼命地夺回自己的王位，这又是

32 一个错误。不过，我们必须承认，这不代表他本性恶劣。只有当一个儿童被置于他完全没有准备的情境，且得不到任何指导只能独自挣扎时，恶劣的行为才会出现。我们这里可以举个例子。如果一个小孩只习惯别人把注意力完全放在自己身上，当他突然面临一个截然相反的情境：他开始上学了，而学校里的老师对所有学生一视同仁。如果这个小孩要求教师给予更多的关注，那么他自然会惹怒老师，这种情况对于一个娇惯坏的孩子来说，显然充满了危险，但一开始他还没那么恶劣和不可救药。

因此，我们很容易理解案例中小男孩的个人生活方式与学校所要求和期待的生活方式之间发生的冲突。我们可以用图示的形式来描述这种冲突，当标出儿童的人格方向与学校追求的方向时，我们会发现它们是不一致的，甚至相反。儿童生活中的所有活动，都由其自身的目的所决定，因此，他的整体人格不允许他偏离目的。而另一方
33 面，学校则期望每一个儿童都有正常的生活方式。因此，二者之间必定会产生冲突，不过，学校方面忽视了这种情境下的儿童心理，既没有给予适当的宽容，也没有设法消除冲突的根源。

我们知道，这个小男孩的生活完全由母亲只为他一人服务的动机所驱动，他的心理只萦绕着一个念头：我要控制母亲，而且要独占她。但学校对他的期望则完全相反，要求他必须独立学习，整理好自己的课本和作业。这就像

给一匹烈马套上一辆马车。

在这种情形下，儿童的表现自然不会太好。不过，如果理解了儿童的真实处境，我们就会对他抱有更多的同情。惩罚是没有意义的，只会让儿童更加坚信学校不是他的理想之所。如果学校开除他，或要求父母将他带走，那他会感到正中下怀。他错误的感知图式就像一个陷阱，步步为营。他觉得自己获得了胜利，因为他现在可以真正地 34
控制母亲：母亲不得不再次专门为他效劳，他求之不得呢。

如果我们明白了真实的情形，就不得不承认，对孩子这样或那样的错误予以惩罚，几乎没有什么意义，比如孩子上学忘了带书本（没忘才是奇迹），因为如果他忘记了什么，母亲就要为他操心。这绝不是一个孤立的行为，而是其整体人格图式的一部分。如果我们记得个体人格的所有表现都是彼此关联的并形成一个整体，那么我们就会意识到，这个小男孩的行为完全与其生活方式一致。儿童的行为与其人格相符合这一事实也在逻辑上驳斥了这样一种假设：是因为智力迟钝他才无法胜任学校的任务。一个智力迟钝的人不可能始终如一地按照自己的生活方式行事。

这一案例还告诉我们，在某种程度上，我们所有人都与这个小男孩的处境类似，我们自己的生活方式以及对生活的理解从来就不与社会传统完全和谐一致。过去我们曾把社会传统视为神圣而不可背弃的，但现在我们已认识到，人类社会的制度和风俗并无神圣之处，也并非永恒不 35

变。相反，它们总是处于不断发展变化的过程中，而发展的推动力就是个体在社会中的不断斗争与对抗。社会制度是为个体而存在，而不是个体为社会制度而活。的确，个体的救赎存在于他的社会意识之中，但这并不意味着可以强迫个体接受千篇一律的社会模式。

对个体和社会之间关系的这种思考，是个体心理学的基础，也特别适用于学校系统及其对适应不良儿童的处理。学校必须学会把儿童视为一个具有统一人格的个体，一块有待琢磨和雕饰的璞玉。同时，还必须学会以心理学的视角来评判特定的行为。我们之前就说过，不能把特定的行为视为一个孤立的音符，而是要把它当作整个乐章的组成部分，即整体人格的组成部分。

第三章 36

追求优越感及其教育意义

除人格的统一性以外，人性的另一个重要心理事实就是追求优越感和成功。这种追求与自卑感有着直接的联系，倘若没有感受到自卑，我们就不会有超越当下处境的愿望。追求优越感和自卑感是同一心理现象的两个不同阶段。为了便于说明，最好分开来讨论。本章将要讨论追求优越感及其对教育的意义。

可能有人会问：追求优越感和我们的生物本能一样是生来就有的吗？对此我们的回答是：这是一个极不可能成
立的设想。我们确实不认为追求优越感是与生俱来的，不 37
过，我们必须得承认的是，追求优越感有其必要的生物基础，即有一个具备发育可能性的胚胎核心。也许换个表述更为恰当：人性与追求优越感息息相关。

当然，我们知道，人类行为是局限在一定范围内的。有些能力人是不可能拥有的，例如，我们不可能达到狗的嗅觉能力，我们肉眼也无法看到紫外线。不过，我们拥有某些可以持续发展的能力，也正是从这些能力的进一步发展中，我们会看到追求优越感的生物学根源，以及人格心理发展的全部源起。

正如我们所认识到的那样，儿童和成人皆具备这样一种在任何环境下都追求优越感的强劲冲动，不可消灭。人的本性忍受不了长期的低下和屈从；人类甚至推翻了自己的上帝。被看轻和被蔑视的感觉、不安全感和自卑感总是会唤醒人类攀登更高目标的愿望，以获得补偿和臻于完美。

38 儿童的某些特征是环境力量造成的。他们在某种环境中感受到了自卑、脆弱和不安，这些感觉反过来对他们的心理产生了刺激作用。儿童下决心摆脱这种状态，努力达到更好的水平，以获得一种平等甚至优越的感觉。这种向上的愿望越强烈，他们就会把目标调得越高，以此证明自己的力量。不过，这些目标常常超越了人类能力的极限。由于儿童获得了各方面的支持和帮助，这便刺激他们投射出与上帝接壤的未来图景（即自己能与上帝相通）。儿童的想象力总是以各种方式暴露出一个事实：我具有上帝一样的神力。这通常会发生在那些自我感觉特别脆弱的儿童身上。

这里我们以一个心理问题严重的 14 岁小男孩为例来说明上述情况。在要求他回忆童年时，小男孩想起了 6 岁时因不会吹口哨，自己有多伤心。不过，有一天当他走出房间时，他突然会吹了。他极为震惊，并笃定这是上帝附身

的结果。这个案例清晰地表明，脆弱感和想象自己能接近上帝之间存在着内在联系。 39

渴望优越感与一些明显的性格特征是相关联的，通过观察儿童对优越感的渴望就能揭示其全部雄心或抱负。当这种自我肯定的愿望过于强烈，他总会表现出一定的嫉妒心。这种类型的儿童很容易形成希望竞争对手遭受各种厄运的心理。这种阴暗心理经常会引起神经疾病，而他不仅怀有这种心理，甚至还会实施伤害，给对手制造麻烦，甚至时不时表现出彻头彻尾的犯罪特征。这样的孩子会造谣中伤、泄露隐私、贬损同伴，借以抬高自己的价值，特别是在有旁观者时。谁也不能超越他，所以他根本不在乎是抬高自己还是贬损他人的价值。当对权力的渴望过于强烈时，其本身就代表着一种恶意，一种报复。这类儿童总是表现出一副好斗和挑衅的架势，他们眼露凶光，突然发怒，随时准备和想象中的对手搏斗。对于这些渴求优越感的孩子来说，屈从于考试是非常痛苦的一件事，因为这很 40
容易暴露他们的无价值。

这个事实表明考试必须适应学生的特点，对于不同的学生来说考试的意义也不尽相同。我们经常会发现，有些学生把考试看成一件极为痛苦的事情，他们的脸色一会儿白一会儿红，说话结巴，身体颤抖，又惧又怕，大脑一片空白。有些学生则只能与别人一起答题，而不能单独答题，因为他们害怕别人看他。儿童追求优越感的心理同样表现在游戏之中。例如，如果其他儿童扮演车夫，那么那些具有强烈追求优越感心理的儿童，则不会愿意扮演马匹，而总是想去扮演车夫，成为决定马车前进方向的那个人。如果他们过去的经验妨碍其担当这个角色，他们就会以扰乱其他人的游戏为乐。此外，如果他们接二连三地受挫，失去了雄心，那么他们在面临新的情境时就会退缩，而不是勇于向前。

那些尚未气馁的雄心勃勃的儿童，则乐于参与各种竞
41 争类游戏。但是他们在遭受挫折时同样会表现出惊慌失措。我们可以从孩子喜欢的游戏、故事和历史人物中看出他们自我肯定的程度和方向。拿破仑就非常适合作为这些雄心勃勃的人的偶像，我们经常会看到有些成人很崇拜他。强烈自卑感的一大标志就是沉溺于妄自尊大的白日梦，这种心理驱使那些失望的人在现实之外寻找精神上的满足和陶醉。类似的情况也经常出现在梦境之中。

在考察了这些儿童追求优越感的不同方向之后，我们可以将其分为若干种类。当然，这种区分不可能很精确，因为儿童追求优越感的差异太大，而我们主要是借助儿童表现出来的自信进行区分。那些心理健康的儿童会把自己对优越感的追求转向获得有用的成就中；他们试图取悦教师，注重整洁和秩序，进而发展成一个正常的学生。不过，经验告诉我们这样的儿童并不占多数。

42 还有一些总想优于别人的儿童，他们会表现出一种令

人生疑的执着。通常，这种追求优越感夹杂着膨胀的雄心，但是这点通常被人忽视。因为我们习惯把雄心视为一种美德，并激励孩子多做努力。但这是不对的，儿童在成长过程中受到过多野心的影响，这会对他们的心理造成压力，短时间内尚能承受，时间一长，必然难以负担。儿童可能在家花过多时间看书，而其他活动会受到影响。这类儿童通常会回避其他问题，只想在学校名列前茅。我们不能对这样的发展表示认同，在这种情况下，儿童的身心不可能得到健康发展。

儿童的生活要是全围绕着如何才能超越别人，是不利于正常发展的。我们得时不时提醒他们不要一天到晚就知道看书，应该多出去呼吸呼吸新鲜空气，多与小伙伴玩耍，去关注其他事情。这样的孩子并非大多数，但也不在少数。

此外，同一班级还经常会出现两个学生暗暗较劲的情 43
况。如果有机会对此进行密切观察，就会发现这俩人会形成一些并不那么讨喜的性格特征。他们会羡慕、嫉妒，而拥有独立、和谐人格的人则不会这样。别的孩子取得成功，他们恼怒不已；别人锐意进取，他们又开始有头疼、胃疼之类的毛病。当其他人受到表扬时，他们就会愤怒地退到一边。当然，他们也绝对不可能称赞别人。这种嫉妒的表现并未充分反映出这类儿童膨胀的雄心。

这样的儿童没法和同伴友好相处。他们什么事都想处

于主导地位，不愿臣服于游戏的总体组织。这样做的结果
就是他们不喜欢参加集体活动，即使参加了也会以傲慢的
态度对待同学。每次和同学接触，都会令他们不快，因为
他们觉得接触越多，自己的地位就越不安全。这类儿童对
44 自己的成功从来没有信心，当感到自己处于不安全的环境
之中时，他们极易不知所措。别人对他们的期待加上自己
对自己的期望，让他们不堪重负。

这些儿童会敏锐地感受到家庭对他们的期望。他们怀着激动和紧张的心情去完成面临的每一个任务，因为他们总想超越别人，总想成为“万众瞩目的光芒”。他们感受着沉甸甸的希望，只要环境有利，便会“负重”前行。

如果人类掌握了绝对真理，掌握了可以使儿童免除上
述困难的完美方法，也许就不会有问题儿童了。既然我们
没有这样的完美方法，也无法为儿童创设理想的学习环
境，这些儿童对期望的焦虑必然会成为一件异常危险的事
情。与没有背负如此不健康抱负的人相比，这些儿童面临
困难时是完全不同的感受。这里所说的困难是指不可避免
45 的困难，让儿童免受困难永远是不可能的。一方面是因为
我们的方法不成熟，并不适合每个儿童，还需要不断地改
进；另一方面是因为过度膨胀的雄心会葬送儿童对自己的
信心，失去克服困难所必需的勇气。

雄心勃勃的儿童只关心最终的结果，即人们对他的成功是否认可，没有认可的成功不会带给人满足。很多时

候，儿童保持心理平衡远比认真着手解决问题更为重要。但一个只关心结果、雄心过度膨胀的儿童认识不到这一点。没有别人的认可和崇拜，就感觉活不下去。这种过于看重别人评价的孩子不在少数。

从那些天生有器官缺陷的儿童身上可以看到，在价值观问题上不失去平衡感是何等重要。此种例子比比皆是。很多人不知道的是，许多儿童的左半部身体其实比右半部发育得更好。在我们这个右撇子文化下，左撇子儿童遭受了太多困难。因此很有必要借助一定方法来确定儿童是惯 46
用左手还是右手。毫不意外，左撇子儿童在书写、阅读和绘画方面困难异常，手指灵活度也不高。要检验儿童是不是左撇子，有一个简单但不确定的办法，就是要求儿童双手交叉。左撇子儿童会把左大拇指放在右大拇指上面。我们会惊奇地发现，竟然有这么多人是天生的左撇子，他们自己却不知道这一点。

在研究大量左撇子儿童的生活史时，我们发现了一些情况。首先，这些儿童通常都曾被认为笨手笨脚的（这也难怪，我们通常都是以右手为主）。要体会个中情形，我们只需想象一下习惯右道行使的我们在一个左道行使的城市（如英国或阿根廷）试图开车穿越街道时的不知所措。如果家庭其他成员都是右撇子，左撇子儿童的情况恐怕会更糟糕，不仅仅是给自己的生活带来困难，也影响了家人。在学校学习写字时，表现也低于平均水平，左撇子的 47

难处没人理解，反而会受到斥责，得分也较低，连受到惩罚也是常有的事。在这种情况下，左撇子儿童只能把这理解为自己在某些能力方面不如别人。他会感到被贬损、低人一等、自卑以及没资格跟别人竞争。他在家里同样会因为行为笨拙而受到斥责，这就加重了他的自卑。

这当然不是左撇子儿童最终的归宿，可还是会有许多儿童放弃挣扎。他们不了解真正的情况，也没有人教他们如何克服困难，所以很难一直保持战斗力。很多人字迹潦草难以辨认，也可归因于从未充分训练过自己的右手。事实上，这方面的困难是可以克服的：在一流的艺术家、画家和雕塑家当中，很多人都是左撇子。他们通过强化训练，获得了善用右手的能力。

48 有一种迷信认为，左撇子如果通过训练来使用右手，说话就会变得结巴。但其实是因为左撇子儿童有时面临的困难太大，丧失了说话的勇气而已。这也是为什么具有其他心理问题的人（如神经症患者、自杀者、罪犯、性变态等）中有很多是左撇子。但另一方面，我们也会经常看到，那些克服了困难的人获得很高的成就，这通常发生在艺术领域。

虽然左撇子特征本身微不足道，却教会我们一个很重要的道理：除非我们努力使儿童的勇气和毅力发展到一定的程度，否则就无从判断孩子的能力。如果我们吓唬他们，夺走他们对美好未来的希望，他们固然也能继续生活下去，但如果我们鼓励他们学会勇敢，那么这种儿童就会取得更多更好的成就。

野心过度膨胀的儿童之所以处境艰难，是因为人们常常以外在的成功来评判他们，而不会根据其面对困难和克服困难的能力。在当今世界，人们普遍更关注可见的成 49
就，而不是全面的教育。可是，成功有多轻易得来就有多容易消逝不见。因此，训练儿童变得满腔抱负并无益处，而培养孩子的勇敢、坚忍和自信才是重中之重。得让他们认识到，受到挫折不应该气馁，而是要把它当作一个新问题去解决。当然，如果教师能够判断出儿童的努力是否是徒劳，能够确定他们是否在一开始就竭尽全力，那么事情就容易多了。

正如我们所看到的那样，儿童对优越感的追求会体现在他的性格上，例如雄心。这些孩子对优越感的追求最初表现为雄心勃勃，不过，由于其他儿童已经远远走在了前面，赶超他们似乎不太可能，他们最后便放弃了。许多教师采取非常严厉的措施，或给那些他们认为不够有雄心的学生较低的分数，希望唤醒他们沉睡的雄心。如果这些孩子还有些勇气，这种方法也可能短时间奏效，但这种方法不宜普遍使用。那些学习成绩跌近警戒线的孩子会被这种 50
方法弄得完全不知所措，从而堕入彻底的愚笨状态。

可是，如果能以温和、关心和理解的态度来对待这些儿童，我们则会惊讶于他们竟然有那么多意想不到的聪明才智。确实，以这种方式转变过来的儿童通常会表现出更大的雄心，原因很简单：他们很害怕回到原来的状态。他们过去的生活方式和无所作为成为警示信号，不断鞭策着他们继续前行。在后来的生活中，他们中的许多人就像着了魔似的，夜以继日地工作，饱尝过度工作之苦，却还认为自己做得远远不够。

如果还能想起个体心理学的基本思想，即个体（包括成人和儿童）的人格是个统一体，人格的表达与逐渐形成的行为模式是一致的，那么，上面所说的一切就变得清晰了。脱离行为者的人格来判断其行为是没有意义的，因为
51 每个行为都可以从多个方面进行解释。如果我们把学生的一个特定行为或姿势（比如上学拖延）理解为他对学校布置任务的必然反应，那么，对此进行判断的不确定性就荡然无存了。儿童的这种反应仅仅意味着他不想跟学校扯上关系，故而不会努力完成学校的任务。事实上，他的确会想尽办法不遵从学校的要求。

从这个观点出发，我们就可以理解所谓的“坏”孩子到底是怎么回事。当追求优越感的心理表现为拒绝学校而不是接纳学校时，“坏”孩子就出现了。于是，他表现出一系列行为症状，逐渐堕入不可救药和退化的境地。他越来越乐于成为一名小丑，经常搞恶作剧引人发笑，除此之外，无所事事。他还会招惹同学、旷课逃学，与社会上不三不四的人混在一起。

可以看出，我们不仅掌握着学生的命运，还决定着他们的未来发展。学校提供的教育和培训在很大程度上决定了个人的未来生活，学校是个体从家庭走向社会的桥梁， 52
要矫正儿童在家庭教育中受到的不良影响，也要负责让他们为适应社会生活作好准备，确保儿童在社会这个大乐队中和谐地扮演好自己的角色。

从历史的角度来考察学校的作用，我们就会认识到，学校总是试图按照各个时代的社会理想来教育和塑造个体。学校在历史上曾先后为贵族、教士阶层、资产阶级和大众服务，也总是按照特定时代和统治阶层的要求来教育儿童。今天，为适应变化了的社会理想，学校也必须作出相应改变。因此，如果现今的理想化人类应具备独立、自我控制和勇敢的品质，那么学校就得作出相应调整，以培养接近这种理想的人。

换句话说，学校不能把自身视为目的，要谨记自己是在为社会而不是学校本身教育学生。因此，学校不应该忽视任何一个放弃成为模范学生的儿童。这些学生追求优越感的心理并不一定就弱于其他学生，他们只不过是把注意 53
力转移到不太需要过多努力的事情上去了。不管正确与否，他们始终相信那些事情比较容易获得成功，这可能因为他们早年曾无意识地在这些领域得到过训练。因此，虽然他们可能不会成为数学天才，但也许会在运动场上闪闪发光。教师千万不能轻视儿童在这些方面的成就，而是要以此为突破口，鼓励学生在其他领域追求同样的进步。如果教师从儿童某一方面的长处出发，鼓励他们，让他们相信在其他领域同样可以取得好成绩，那么教师的任务就轻松多了。这就像把儿童从一个硕果累累的果园引入另一个硕果累累的果园。因此，既然所有的儿童（弱智儿童除外）都具备取得学业成功的能力，那么，他们要做的就只是克服那些人为设置的障碍。这些障碍之所以产生，是因为学校把抽象的在校表现而不是教育的最终目的、社会目的作为评判标准。从学生方面来看，这些障碍还反映了他
54 们缺乏自信，而带来的结果就是，他们对优越感的追求导致了有益活动的中断，因为他们无法从中找到合适的表现方式。

在这种情况下儿童会做什么呢？他想到了逃避。他会经常做出一些奇怪的行为，这自然不会赢得教师的赞扬，但不礼貌、固执的举止却可以引起教师的注意和其他孩子的崇拜。凭借自己制造的风波，他们觉得自己简直就是英雄，像个巨人一样。

这些心理表现与不符合规范的行为虽然是在学校这个试验场中暴露出来的，但它们的根源并不都在学校。从消极意义上来说，学校除了负有积极教育和矫正的使命外，还是儿童早期家庭教育弊端暴露的场所。

一个观察敏锐的称职教师，会在儿童入学第一天就看出问题。很多儿童会立马暴露出受到过分溺爱的迹象，他

们觉得学校这个新环境给他们带来了痛苦和不适。这种孩子没有与人打交道的经验，而交到朋友恰恰对他们的发展至关重要。儿童入学之前最好已经具备了一些与人交往的经验。他不能只依赖一个人，而把其他人通通排斥在外。家庭教育的不当必须在学校得到矫正，当然，最好是没有。

对于这些被家庭惯坏的孩子，我们不要期望他们马上就能专心于学校的学习，这根本不可能。他宁愿待在家里也不去上学，也就是说，他没有“学校意识”。小孩厌恶上学的迹象是很容易被发现的。例如，父母每天早上都要哄劝小孩起床，催促他做这做那；小孩吃早饭的时候磨磨蹭蹭等。看上去小孩已经为自己的进步构筑一道不可逾越的障碍。

矫正这种情况和解决左撇子问题一样：我们必须给予儿童一定的时间去学习和改变。即便他们上学迟到，也不能惩罚他们，因为这只会强化他不喜欢学校的感觉。惩罚 56
只能让儿童更加认定自己不属于学校，如果父母责罚孩子，强迫他上学，那么他非但不愿上学，还会寻找方法来应对，那就是选择逃避，而不是直面问题。我们可以从儿童的每个动作和行为中看出他厌恶学校，无力解决学业难题。他会把书本乱丢一气，不然就是忘记带了，或者干脆弄丢。如果孩子确实有忘带课本或丢失书本的行为，我们可以断定他在学校并不如意。

如果进一步观察这些孩子，我们几乎总会发现，他们对取得任何成功都不抱希望。这种自我贬低并不完全是他们自己的责任，周围环境对他们这种错误的自我评价也起着推波助澜的作用。在家里有人一发火就说他们未来渺茫，骂他们愚笨无用；当他们在学校发现这些指控似乎得到了证实时，他们并没有足够的判断和分析能力（他们的长辈往往也缺乏这些能力）来纠正这些错误看法。因此，
57 他们在做出努力之前，就已经弃械投降。他们把这种由自己带来的失败视为不可逾越的障碍，且是自己无能和不如别人的证明。

错误一旦发生，大环境通常不太可能给予矫正的机会，再加上这些儿童即便做出明显努力却还是落于人后，他们很快便会放弃努力，转而将心思放在寻找借口来解释自己为什么旷课上。旷课（也就是逃学）是很危险的症状，也被视为最严重的劣行之一，是要受到严厉责罚的。于是，他们认定自己不得已才使用诡计、欺瞒来蒙混过关，以此为自己的劣行开脱。另外，还有其他一些使他们在错误的道路上越走越远的手段，像伪造家长签字、篡改成绩报告单等。他们会向家里编造一系列自己在学校如何表现的谎言，而实际上他们已经逃学好长一段时间了。他们也会在上课期间找地方藏起来，不用说也知道，那些地方通常还藏着其他逃学的孩子。但只逃学并不能满足他们
58 追求优越感的心理，这就驱使他们采取新的行动来追求优越感，确切地说，就是违法行动。长此以往，他们离正道

越来越远，最终走向犯罪。他们会拉帮结派、盗窃、沾上性变态行为，以此验证自己已经长大成人。

既然都迈出了这么一大步，他们进而寻找更多的刺激来填满野心。只要行为没被发现，他们就觉得自己还可以做出更大胆的举动。他们会一意孤行地沿着这条路走下去，因为他们认为在别的事上不可能取得成功。他们将一切富有意义的事都排除在外，野心不断受到同伴行为的刺激，驱使着他们一再做出反社会行为。那些有犯罪倾向的儿童无一不是极端自负者，这种自负和野心有着同样的根源，迫使这个儿童不断以各种方式来表现自己。当他们不能在生活中的有用面寻得一席之地时，就会转向生活中无用的那面。

我们来看一个杀死老师的男孩的案例。通过对这个案例的进一步调查，我们发现这个男孩具有上述所有的性格
特征。那名家庭教师认为自己特别了解心理活动的表达和 59
功能，在她的精心指导下，这个小男孩小心翼翼地长大了。他对自己失去了信心，从曾经的心比天高到现在的别无所求，完全就是心灰意冷的程度。学校和生活都满足不了他的期望，他便转向违法犯罪，以此来摆脱教师和教育治疗专家的控制。因为社会至今还没有设立一种可以把犯罪——特别是青少年犯罪——当作教育问题来处理的机构，换句话说，就是当作心理矫正问题来处理的机构。

凡是与教育行业有关的工作者都熟悉这样一个事实：

来自教师、神父、医生和律师家庭的孩子通常比较任性。这种情况不仅发生在职业声望不高的教育者家庭，而且还会发生在那些我们认为是重要人物的家庭，他们的职业权威似乎并没有为自己的小家带来和平与秩序。对这种现象
60 的解释是，在那样的家庭里，某些重要的观点不是完全被忽视了，就是完全不被理解。比如说，作为教育者的父亲凭借他们自以为是的权威，把一些严格的规则、规定强加于自己的家庭。他们异常严厉地压迫孩子，威胁到甚至剥夺了孩子的独立性。他们似乎唤起了儿童体内的反抗情绪，唤起了他们对记忆中曾被棍棒打过而今需要起来反抗的报复心理。我们要记住，刻意的教育会使父母特别关注和监视自己的孩子。绝大多数情况下这是好事，不过，这也经常使得儿童总想处于被关注的核心。这些孩子会把自己视为一种用来展示的试验品，而其他人是责任方和决策方，因此，自己不用负任何责任，而他人则必须为自己扫除一切困难。

第四章 61

追求优越感的引导

每个孩子都会追求优越感，父母或教师要做的就是把这种追求引向富有成就和有益的方向。教育者必须确保孩子对优越感的追求带来的是心理健康和幸福快乐，而不是精神疾病和神经错乱。

那到底该怎么做呢？区分有益和无益的优越感追求的基础又是什么？答案是，看它是否符合社会利益。我们很难想象任何值得称道的成就与社会无关。想一想那些我们认为是高尚、崇高和有价值的伟大行为，它们不仅对行为者自身有价值，对社会同样意义非凡。因此，教育儿童就是要培养社会情感和社区团结精神。

那些不懂得社会情感为何物的孩子将会成为问题儿 62
童，他们对优越感的追求并没有转向对社会有益的方向。

对于什么才是对社会有益的，众说纷纭。不过，有一点是肯定的，那就是我们可以从一棵树结的果来判断这棵树的好坏。也就是说，任何行为的结果都能反映出它是否对社会有益。这也意味着我们还必须把时间和效果考虑进来。一个行为终要切合现实的逻辑，而且这种切合度必须显示出这个行为与社会需要的关联程度。事物的普遍结构是对行为进行价值判断的标准，行为的结果与这种标准是一致还是冲突迟早会水落石出。幸运的是，我们在日常生活中并不总是需要用复杂的评价技术来判断行为。我们无法预见政治变革、社会变迁这类活动的影响，因此争论的空间也很大。不过，在大众生活和个体生活领域，行为带来的影响最终会显示出这些行为是有益、正确的，还是相
63 反。从科学的立场来看，我们不能把某种行为看成对所有人来说都是好的、有益的，除非它关乎绝对真理，关乎对人生问题的正确解决，而人生问题受地球、宇宙和人类关系的逻辑制约。摆在我们面前的这种客观宇宙和人类宇宙的制约就像一道数学题，尽管我们未必每次都能解决，但答案就隐藏在问题之中。我们只能参考问题及其解决背景来对解决方案进行探讨，才能判断这种方案的正确性。只可惜，有时检验某种解决方案的时机会姗姗来迟，以致我们没有时间去纠正某个错误。

不能从逻辑性和客观性角度审视自己生活结构的人，绝大多数也无法理解自己行为模式的关联性和一致性。一旦问题出现，他们就会陷入恐慌，也不知道怎么处理。他们只会认为是因为走错了路才会出现问题。对于儿童教育，必须记住的是，一旦他们偏离了对社会有益的方向，

就不能从消极的经验中获得积极的教训，因为他们还完全不理解问题的意义。因此，有必要教育儿童不要把他们的 64
生活视为一系列相互不关联的事件，而是将之视为一种贯穿所有相互关联事件的线索。任何事件的发生都离不开个体的整体生命背景，也只有将之与发生过的事情联系起来才能加以解释。儿童只有理解了这一点，才能够明白自己为何会误入歧途。

在对优越感追求的正确和错误方向的差异作进一步探讨之前，最好先对一种貌似与我们的理论相矛盾的行为进行说明。我这里指的是懒惰行为，乍一看，懒惰似乎与“所有儿童天生就有一种追求优越感的心理”的观点相矛盾。我们责备儿童懒，说他们没有表现出对优越感的追求和雄心。但要是仔细考察他们，就会意识到这种普遍的观点有多离谱。他们可是正在享受懒惰带来的好处呢！不用背负别人对他的期望；即便一事无成，也会在一定程度上得到原谅；无需努力，看似一副无所谓和闲散的样子。然而，也正是因为懒，使他成功活在了聚光灯下，最起码他 65
的父母得时刻盯着他。想想看有多少孩子不惜一切代价也要引起他人的注意，这样我们就会明白，这些孩子为什么想通过懒惰来引人注目了。

但这个解释并不全面。许多儿童把懒惰当成缓解处境的一种方式，这样他们就可以把自己的无能和无所成归咎于懒惰，旁人也不会指责他们能力不够。而他们的家人通常会说："如果没这么懒，他什么都干得成!"儿童对这种"要是没这么懒，他们本可以干啥啥都行"的说法沾沾自喜，这对缺乏自信的孩子来说确实是一种安慰。此外，这种说法还成了一种成就补偿，对儿童和大人都适用。这个富有欺骗性的"如果句式"——如果没这么懒，我什么都干得成——平息了他的失败感。一旦这个孩子真的做成了什么，这种小小的成就在他们心目中就显得意义非凡。这种蝇头小成与他之前的毫无建树形成鲜明对比，并因此受
66 到人们的赞扬。而那些一直埋头努力的孩子虽然取得了更大的成绩，受到的表彰反而更少。

可以看到，懒惰背后通常隐藏着一种未被揭示的谋略。就像走钢丝时下面总是张着保护网，懒惰的孩子即使掉了下去，也不会受伤。对懒惰孩子的批评总比其他儿童要温和得多，也不会太伤害他们的自尊。显然，说他们很懒要比说他们无能对他们的伤害小一点。总之，懒惰是那些缺乏自信的人的一种屏障，阻挡着他们着手解决所面临的问题。

当前的教育方法恰好满足了懒惰儿童的希望，人们越责备他懒，就越正中下怀。因为人们整日为他操心，喋喋不休的责骂转移了对他能力问题的关注，这正是他所满心期望的。惩罚对他也具有同样的效果，那些认为惩罚可治一切懒惰的教师往往以失望告终。再严厉的惩罚都没法使一个懒惰的孩子变得勤快起来。

如果儿童真的发生了转变，那也只是他处境变化的结 67
果。例如，他意外地取得了成功，或者从原来严厉的教师换到了新老师手上，新来的老师比较温和，能理解他，认真与他谈话、鼓励他，而不是打压他本就所剩无几的信心。在这种情况下，孩子会突然变得勤快起来。我们经常会遇到有些儿童在入学头几年学业停滞不前，但换了一个学校后却异常勤奋努力的情况，就是因为学校环境变了。

有些儿童不是选择懒惰，而是选择装病的方式逃避学业任务。还有些孩子则在考试期间表现得异常紧张，因为他们认为紧张会让自己受到某些照顾。同样的心理还表现在爱哭的孩子身上：哭喊和精神紧张都是他们获取特权的借口。

与这些孩子相同的，还有那些由于某种缺陷而需要特殊照顾的孩子，比如口吃者。经常跟小孩子打交道的人都
会注意到，几乎所有儿童在开始说话时，都有些轻微的口 68
吃。众所周知，儿童语言能力的发展受到多种因素影响，其中首要因素是社会情感的发展程度。和那些不愿与人接触的儿童相比，社会意识较强、乐于与人交往的儿童，他们能更快、更轻松地学会说话。甚至在有些场合语言都显得多余，比如那些被过分保护和溺爱的儿童，往往在他有机会说出自己的愿望之前，家人就已经猜到并满足了他们的要求（就像人们对待聋哑儿童那样）。

如果孩子到了四五岁还不会说话，家长便开始担心他

们是否是聋哑儿童。不过，他们很快就会发现，孩子的听觉能力很好，这自然就排除了聋哑的可能。另一方面，人们会注意到这些儿童确实生活在一个说话纯属多余的环境中。如果我们把一切都放在“银盘”上给这些孩子端过去，那么他们当然会觉得自己没有开口说话的必要，自然也就很迟才学会说话。孩子的语言体现了他们对优越感的追求和这种追求的方向。因此，儿童需要用语言来表达自
69 己对优越感的追求，不管这种表达是用来愉悦父母，还是用来满足自己的一般需求。如果都不是，那么我们自然就会想到孩子语言能力的发展是否出现了困难。

还会遇到一些有其他语言障碍的儿童，例如，他们不能正确发 r、k 和 s 等辅音。这类语言障碍都是可以矫治的。因此，那么多成年人口吃、咬舌，或者吐字含糊不清的现象，很值得思考。

绝大多数儿童随着年龄增长，口吃会逐渐消失，只有一小部分需要接受治疗。我们将从一个 13 岁男孩的案例出发，来说明治疗的过程。这个小男孩从 6 岁开始接受治疗，治了一年都没成功。之后的一年里男孩没有再接受任何专业治疗，直到第 3 年换了一名医生，但再次宣告失败。第 4 年没有进行治疗，第 5 年的前 2 个月，又有一个语言教育家来对男孩进行治疗，反而让情况变得更糟了。一段时间以后，这个男孩又被送到专门的机构去治疗口吃，经过
70 2 个月的治疗，效果很好，但 6 个月后口吃又复发了。

这个男孩后来又在另一个语言教育家那里接受了 8 个月的治疗，这次情况非但没有好转，反而逐步加重。再后来也请了一名医生，同样没有效果。虽然在接下来的暑假里情况有所好转，不过，假期一结束，他又恢复了老样子。

这些治疗方法大多是要求小男孩高声朗读，缓慢说话，并加以练习等。其中很明显的一点是，一定程度的激动会使口吃短时间好转，但很快就复发了。虽然这个男孩小时候曾经从二楼摔下来过，得过脑震荡，但其实没有什么器官缺陷。

一位曾给这个男孩上过一年课的教师，形容这个孩子“教养良好，勤奋，容易脸红，有点易怒”。据他说，法语和地理是小男孩成绩最差的两门课，一到考试男孩就会非常紧张。但他特别喜欢体操和体育竞赛，也对技术活动感兴趣。小男孩没有表现出领导者的特质；能与同学友好相处，可有时会与弟弟吵架。他是个左撇子，12 岁的时候， 71
他的右脸中风面瘫过。

至于男孩的家庭环境，我们了解到他的父亲是个商人，极易发怒，只要小男孩说话结巴，就会被他严厉斥责。尽管如此，小男孩还是更怕妈妈。他有个家庭教师，所以很少有出门玩耍的时间，这令他很是苦恼和郁闷。而且，他还认为自己的妈妈不公平，总是偏向弟弟。

基于这些事实，可以得出如下解释：男孩容易脸红表明他一旦与人交流，内心的紧张就会增加，可以说脸红与口吃不无关系。即使是他喜欢的教师也不能使他摆脱口吃，因为口吃已经成为自发性的行为，也意味着他对别人的拒绝。

口吃的根源不在于外部环境，而在于主体感知外界的方式。他的敏感和易怒在心理学上意义重大，口吃并不表
72 明他是消极被动的，他对优越感和认可度的追求恰恰体现在他的敏感和易怒之中。个性脆弱的人通常也是如此。他的灰心丧气还体现在他只能和弟弟争吵，考试前的兴奋代表了内心紧张的加剧，他担心自己不能成功，担心自己天分不如别人。他有着强烈的自卑感，这使得他对优越感的追求沿着无用的方向前进。

这个男孩倒是愿意上学，因为家里的环境更令他不开心。在家里，他的弟弟处于被关注的中心。受过伤或受到惊吓也不大可能是他口吃的原因，但这类经历确实加剧了他的失意，而把他挤到家庭边缘的弟弟才是对他影响最大的因素。

另一件比较重要的事情是，这个男孩 8 岁了还会尿床。尿床症状通常发生在先是被宠爱、后来又被剥夺“王冠”的孩子身上。尿床表明他甚至夜间也在争夺母亲的关注。在这个案例中，它预示着男孩无法接受被冷落的境遇。

73 只要我们鼓励他，教他独立，这个男孩的口吃是可以治好的。我们最好给他安排一些力所能及的任务，让他能从完成任务中找到自信。这个男孩承认弟弟的出生令他不

快，不过，我们必须让他明白，他的嫉妒令他走上了错误的方向。

对于伴随口吃而来的其他症状，还有许多有待说明。我们想知道，当口吃者激动时，情况又会怎样。很多口吃者在生气骂人时丝毫不会结巴。大一点的口吃者在背诵和恋爱时，通常也不会结巴。这个事实让我们认识到，与他人的关系是口吃的关键因素。也就是说，当口吃者必须与别人建立关系，并必须借助语言来表达这种关系时，他的内在张力就会增加，口吃症状就会缓解或消失。

如果儿童在学说话时没有任何困难，那么就没有人会特别关注他们的进步。而如果他有这方面的问题，他就会成为家里谈论的中心，口吃者就是这样成为被关注的焦点。家里人会格外为这个孩子操心，结果就是孩子也特别 74
关注自己如何说话了。他会有意识地控制自己的表达，但正常说话的儿童则不会这样。我们知道，有意识地控制本应自发运行的功能会导致功能受到限制。梅林克的童话《癞蛤蟆的逃脱》就是这方面的经典例子。癞蛤蟆遇到一个千足虫，并马上开始赞美这个千足虫值得关注的能力。“你能告诉我”，癞蛤蟆问，“你行走时首先迈哪只脚，又如何先后迈出其他 999 只脚吗?”千足虫开始思考，并观察自己脚的运动，想弄清楚自己如何依次迈出它的脚，但它越是有意识地控制，就越是糊涂，以至于一步也走不了。

虽然有意识的控制在我们整个生命历程中很重要，但试图控制每一个运动却有害无益。艺术品的创造就在于我们能将生产这些作品所需的身体动作自发化。

75 尽管口吃对儿童的将来有着灾难性的影响，在抚养这些儿童长大的过程中也伴随着诸多不利因素（同情与特别关注），但还是有许多人宁愿找出各种理由，也不愿努力改善现状。父母和孩子都是这样，他们对未来不抱丝毫信心。孩子特别满足于依赖别人，并通过表面上的劣势来保持自己的优势。

巴尔扎克的一个故事就说明了明显的劣势经常会变成优势。故事中的两个商人都想尽办法占对方的便宜。于是在相互讨价还价时，其中一个商人说话开始结结巴巴。他的对手惊奇地发现，对方想通过口吃来赢得思考的时间。他马上就找到了对策，他突然装作耳聋，似乎什么都听不见。由于口吃者不得不努力让对方听明白，因而便处于劣势。这样双方就扯平了。

我们不应该像对待罪犯那样对待口吃者，尽管他们有
76 时利用这种习惯来为自己争取时间，或让别人等待。我们还是要鼓励口吃的儿童并温柔地对待他们，只有通过善意的启迪、激励他们的勇气，他们才能得到永久的治愈。

第五章 77

自卑情结

在我们每个人身上，自卑感和追求优越感是一体的。我们之所以追求优越感，是因为感到自卑，因而力图通过富有成效的努力来克服这种自卑感。只有当这种努力受到了阻碍，或者当对器官缺陷的反应严重到难以承受的程度时，自卑感才会是心理问题。这时我们就会形成自卑情结。自卑情结是一种过分的自卑感，它必然促使人去寻求可以轻易获得的补偿和富有欺骗性的满足。同时，这种自卑情结会通过夸大困难和削弱勇气堵住通往成功的道路。

还以那个口吃的13岁男孩为例。正如我们所知，这个男孩的不自信是造成他持续口吃的部分原因，而口吃反过
来又强化了他的不自信。这就造成了通常所说的神经性自 78
卑情结的恶性循环，男孩想把自己隐藏起来，他已经放弃了希望，甚至可能想到过自杀。口吃是他生活模式的表达和延续，也是他给周围人留下的印象，并让他成为关注的中心，从而缓解他的心理不适。

这个男孩的人生目标太过高远，希望自己成为举足轻重的人物。他总是追求认可和声望，因而他就必须表现得心地善良、能与人友好相处，并把工作做得有条不紊。他还感到自己需要找一个借口，万一失效，口吃就是他的借口。这个案例之所以富有启发性，是因为这个男孩绝大多数时候都是朝着对自己和社会有益的方向，只是在这一阶段，他的判断力和勇气遭到重击。

当然，口吃只是这些丧失勇气的孩子所采用的众多手段之一，当他们并不相信可以依靠自己的天赋和努力取得
79 成功时，口吃就派上用场了。他们所采用的手段类似于大自然赋予动物的利爪和锐角，都是用来保护自己的武器。不难看出，这些手段产生于这些孩子的脆弱和绝望：没有这些手段他们就无法应付生活。有些儿童采取的唯一手段就是无法控制自己的大小便。这表明他们不想告别婴儿期，不想告别那种无忧无虑的日子。其中只有极少数人的确有大肠和膀胱毛病，他们使用这些伎俩只是为了博取家长和教师的同情，尽管有时也会招致同伴的嘲笑。因此，孩子诸如此类的行为不应被视为某种疾病，而是他们自卑情结的自然流露，或者是他们追求优越感的病态表现。

我们可以想象一下，小男孩的口吃是如何发展而来的，起初或许只是一个很小的心理问题。他曾经很长一段时间是家里的独子，母亲全身心地为他操劳。当他慢慢长大时，他也许感到没有受到足够的关注，表现的机会也在

减少。因此，他便想用新的花招来吸引别人的注意。于 80
是，口吃便有了不寻常的意义：他注意到别人跟他说话时会观察他的口形和吐字。通过口吃，他便把原本属于弟弟的关注和时间争夺过来了。

在学校的情况也类似，他发现老师也会花更多的时间在他身上。这样，无论是在家里还是在学校，他都因为口吃而获得了一定的“优势”。他一点都没有错失只有好学生才享有的欢迎和喜爱，而这也正是他所热烈渴求的。他无疑是个好学生，不过，这个“好学生”来得过于容易了。

另一方面，虽然口吃让他获得了教师的宽大处理，但这并非值得推荐的方法。一旦这个男孩没有获得他想要的足额关注，他会比其他孩子感到更受伤。坦白地说，弟弟的出现使得这种引人注意的方式有了一种悲伤的色彩。和别的孩子不同，他从没有把自己的兴趣转移到别处：妈妈才是家里他唯一觉得重要的人，其他人他一概不感兴趣。

对于这种儿童的治疗，首先一定要鼓励他们，让他们 81
相信自己的能力和力量。跟他们建立起友好的关系特别重要，一定要对他们抱一种同情态度，不要用严厉的态度威吓他们。这还远远不够，我们还要利用这种友好的关系鼓励他们不断取得进步。要做到这一点，我们就必须使他们自立，通过各种办法使他们对自己的心理能量和身体力量都感到有信心，并使他们信服，他们完全可以通过勤奋、毅力、练习和勇气去获得他们向往但尚未实现的一切。

儿童教育中的一个最为严重的错误就是，家长和教师对于一个偏离正道的儿童作出恶毒的断言。这种蠢话加重了孩子的怯懦，只会让情况变得更棘手。我们要做的是正向激励他们，正如诗人维吉尔所说，“因为相信，所以可以”。

千万不要认为贬损或羞辱能真正改变孩子的行为，即
82 使我们有时也会看到，那些害怕被耻笑的孩子似乎改变了
自己的行为。我们可以通过下面这个案例来看看这种做法是多么不合理。有个小男孩因为不会游泳而遭到朋友不断地嘲笑，终于，他忍无可忍，从跳板跳入深水之中，人们费了很大劲才把他救上来。情况往往就是如此，怯懦者在面临失去尊严的危险时，通常会为克服怯懦铤而走险，但这种做法显然不对。这种方法恰恰验证了他的怯懦，这就是懦夫行径，有害无益。他真正怯懦的是，承认自己不会游泳就会失去在朋友中的地位，这种不顾一切的一跳并没有使他克服怯懦，反而加强了他不敢面对现实的怯懦心理。

怯懦总会破坏人际关系。一个怯懦的人不会考虑别人，反而还会不惜以同伴为代价来赢得认可。怯懦带来了一种个人主义的、好斗的人生态度，它破坏了社会情感，
83 却远未消除对他人看法的恐惧。懦夫总是担心被嘲笑、被
忽视、被贬低，因此，他总是受制于别人的意见。他犹如生活在敌国里，形成了多疑、嫉妒和自私的性格特征。

这种性格的儿童通常很挑剔，他们不愿赞扬别人，而

别人受到表扬时，他们则充满憎愤。如果一个人并不寻求通过自己的成就而是通过贬低他者去超越别人，那么，这其实就是弱者的表现。一旦发现儿童对他人有敌意的苗头，那么教育者不可避免的任务之一就是把他们从这种敌意中解放出来。如果没有看到这种苗头，自然尚可原谅，但这样他就没法矫正由这种敌意滋生的不利的性格特征。不过，如果我们认识到问题在于使儿童与环境和生活达成和解，在于指出他们的错误，并向他们解释他们错在期望不努力就能赢得别人的尊重，那么，我们也就清楚了儿童教育的方向。正如我们所知，我们必须加强儿童相互之间的友好感情，教育他们即使别人分数不高，做错了事，也
不能蔑视别人。否则，孩子就容易出现自卑情结，丧失生 84
活的勇气。

儿童要是被剥夺了对未来的憧憬和信心，就会逃避现实，转而追求对生活无用的一面以寻求补偿。教育者最为重要的任务，或者说神圣的职责，就是确保每个学生都不会丧失勇气，并通过教育使那些已经丧失了勇气的学生重新获得信心。这就是教师的天职，只有儿童对未来充满希望、充满信心，教育才可能成功。

有一种丧失信心是暂时性的，特别是那些雄心过度膨胀的儿童，一般都曾有过短暂丧失信心的时候。虽然他们取得了一定的进步，当他们通过最后一次考试、马上就要选择职业时，偶尔还是会没自信。有些儿童要是没考到第

一，也会在一段时间内放弃努力。于是，他们无意识中早已形成的内心冲突突然爆发了，这时，他们会完全不知所
85 措或焦虑不安。此后，如果他们没有及时认识到并消除这种丧气，他们慢慢地就会半途而废，再大一点，则频繁换工作，因为他们总觉得自己没有能力善始善终，总是担心会失败受挫。

因此，儿童对自己的评价显得异常重要。简单的询问是不可能知道儿童到底是怎么评价自己的。无论问题多么巧妙，我们都只会得到不确定和模糊的回答。一些儿童会对自己评价很高，另一些则认为自己一文不值。对于后者稍加调查就会发现，他们身边的成人曾经千百次地重复“你什么也不是”或“你太笨了”之类的话。

很少有儿童在听到这种否定性的责骂之后不被深深刺伤。不过，也有些儿童会通过贬低自己的天赋和能力来保护自己。

既然我们不能通过询问来了解儿童是如何评价自己的，那么只可能通过他们处理问题的方式来了解。例如，
86 他们解决问题时是自信果敢，还是优柔退缩，后者是缺乏信心和勇气最为常见的表现。我们可以用一个儿童的案例来说明这一点，这个孩子面对问题时，一开始冲劲十足，但当越接近问题，他就越缩手缩脚，甚至在离问题还有一定距离的时候彻底停了下来。这样的儿童有时被认为是懒惰，有时则被认为心不在焉，这两种描述虽然不同，但结

果是一样的。他们不是我们所期待的那样，正常面对和解决问题，而是总想着遇到的困难和障碍。有时候儿童能成功欺骗大人，让大人误认为他们没有能力和天赋。如果我们了解事情的原委，并用个体心理学的基本原则来加以说明，那么我们就会发现，这些儿童其实就是缺乏自信。

当我们探讨这些对优越感误入歧途的追求时，要记住的是，一个完全关注自我的个体是社会中的异类。我们经常会看到，有些过于追求优越感的儿童从不顾及别人，他们充满敌意，违反法律，贪婪无度，自私自利。他们要是知道了一个秘密，就会利用它来伤害别人。

但是，就算在那些行为最恶劣的儿童身上，我们也总 87
能发现一种明显的人性特征，他们有时会表现出对人群的归属感。自我与周遭世界之间的联动总以某种形式存在着：这些儿童的生活图式越是远离人与人的协作，我们就越难发现他们的社会情感。找出其隐藏的自卑感的表现形式才是当务之急，这些表现形式可太多了，孩子的眼神就是其一。眼睛并不单纯接收和传递光线，它们还是社会交流和互动的器官。一个人打量他人的方式就透露出他与人交往的意愿程度，这就是为什么所有的心理学家和作家都非常重视一个人的眼神。我们也从别人打量我们的方式判断出他对我们的看法，还试图从别人的眼神中看到他灵魂的一部分。尽管也有可能会误判或误解，不过，还是比较容易根据一个人的眼神判断他是否友善。

众所周知，那些不敢正视大人的儿童都心存疑虑。这
88 并不意味着他们本性很坏，也不意味着他们有不良的性习
惯。他们回避的眼神只不过是在表达他们不愿与他人发生
哪怕暂时性的紧密联系，只是说明他们想从伙伴群体中撤
离。如果你叫一个小孩过来，他愿意离你多近也传达着类
似的信号。许多孩子会保持一定的距离，他们想先确定
一下情况如何，然后再在必要的时候靠近你。他们对亲
密关系持有疑虑，因为他曾有过不好的经历，会把自己
片面的认识普遍化，以偏概全，并滥用这种认识。同样有
趣的是，我们会发现有些小孩喜欢倚靠在母亲或教师的身
上。孩子乐于亲近的人远比他所宣称的最爱之人要重要
得多。

有些儿童走起路来抬头挺胸的，而且声音坚定，无所畏惧，这都流露出他们显著的自信和勇气。而有些孩子则在别人和他说话时怯怯懦懦，明显地表现出一种自卑感和不能应付处境的害怕。

在探讨自卑情结时，我们发现有不少人相信自卑情结
89 是天生的。但实际情况是，不管多么勇敢自信的小孩，我
们都有办法让他丧失勇气，变得胆小怯懦。父母胆小怯
懦，他的孩子也可能胆小怯懦。这可不是遗传的问题，而
是因为他的成长环境充满怯懦。家庭环境和父母的性格特
征对孩子的成长和发展极为重要。那些在学校独来独往的
学生大多来自那些与人交往甚少或没有交往的家庭。人们

自然会首先想到这种性格肯定来自遗传，但这种观点是站不住脚的。一个人无法与别人建立交往关系，并不是由大脑或者器官的生理变化造成的。虽然有些事实并不迫使人们采取这种态度，但至少使这种特殊性的出现变得可以理解。

一个最简单的案例可以帮助我们从理论层面理解这种情形。一个小男孩生来就有器官缺陷，曾一度身染疾病，受着病痛和体弱的折磨。这种小孩沉溺于自我之中，认为周围世界是冷漠的、充满敌意的。而且，这样的孩子必须依靠别人来照料自己的日常起居，还得是全身心地照顾。 90
正是别人的照顾和保护催生了他强烈的自卑感。所有的儿童都会因为他们和成人在体格和力量上的悬殊而产生一种相对的自卑感。如果儿童经常听到（事实也是如此）“大人在讲话，小孩别打岔”这样的话，那么，他这种“我很渺小”的自卑感会非常容易受到强化。

所有这些都促使儿童认为，他的确处于一种弱势地位。他发现自己既没有他人高大，又没有他们强壮，自然感到很不平衡。他越是感到自己的渺小，就越是努力要强过他们，他对认可的追求又多了一份额外的动力。不过，他可不是努力与周围的人和谐相处，而是为自己定下了这样的处事原则——“只想自己，不顾他人”。独来独往的孩子就属于这一类。

因此，我们可以在一定程度上认为，大多数体弱、残

疾和不好看的儿童都有一种强烈的自卑感，这种自卑感通常表现在两种极端的行为方式之中。他们说话时要么退缩
91 胆怯，要么咄咄逼人。这两种表现看上去互不关联，实际上却同出一源。他们说话太多或是太少，都是为了追求他人的认可。他们的社会情感很弱，因为他们对生活不抱希望，也认为自己没有能力为社会做出贡献；或是因为他们让自己的社会情感服务于个人用途，他们希望成为领导者、英雄人物，永为世人瞩目。

如果儿童多年来一直沿着错误的方向发展，那么，我们就不要期望仅仅通过一次谈话就可以改变他的生活方式。教育者要有耐心，要是儿童取得了进步，后来问题又出现了反复，这时就需要向他解释清楚，进步并不是一蹴而就的。这样的解释能安慰到他，使其不至于丧失信心。如果一个儿童两年来数学成绩一直很糟糕，那么他不可能在两周内就把成绩给补上去，但他最后肯定是能追上去的。一个正常的、勇敢的儿童能够弥补一切。我们一再强调，能力上的不足是因为走上了错误的发展方
92 向，形成了偏离常态、有欠缺、不美好的整体人格。只要不是弱智，那些有行为问题的儿童，我们总是可以帮到他们的。

儿童能力欠缺，或看上去愚蠢、笨拙、冷漠，并不足以说明他就是弱智。弱智儿童是因为脑部发育不全才表现出身体上的缺陷，那些影响大脑发育的腺体造成了身体

上的缺陷。有时，这些身体上的缺陷会随着时间而消失，但却给心灵留下印迹。换句话说，曾受身体缺陷之苦的儿童，即使在他们体质强壮以后，仍然会表现得相当虚弱。

进一步说，心理上的自卑感和以自我为中心的态度不仅可以追溯到器官缺陷和体质虚弱，还可以产生于与这些缺陷完全无关的环境。例如，家长对孩子养育不当，或缺乏慈爱管教太严。在这种情况下，孩子会认为，生活中充斥着痛苦，因而对周围环境采取一种敌对的态度。由此产 93
生的心理状态和由身体缺陷引起的心理缺陷即使不完全相同，起码也是相似的。

由此可见，要治疗这些在无爱环境下成长的儿童，定会困难重重。他们会以看待那些曾伤害过他们的人的方式来看待我们，每次对他们上学的催促都会被其理解为是一种压迫。他总是感受到被束缚，只要力所能及，他们就会反抗。他们对自己的同伴也没有正确、恰当的态度，因为他们嫉妒那些拥有幸福童年的孩子。

这些心怀怨恨的儿童通常会形成想祸害别人生活的性格特征。他们缺乏应付环境的勇气，因此，便试图通过欺凌弱小或表面上的善意来超越他人，补偿其无力感。而这种善意，只有当别人接受他们的控制时，才会维持下去。许多孩子会发展成只和那些处境更糟的孩子交朋友，正如
有些成年人会被苦难者吸引一样；或者偏爱和那些年幼 94

的、比自己穷的孩子往来。这种类型的男孩有时还乐于与那些非常温柔、顺从的女孩交往，但这种喜爱不是因为异性之间的吸引力。

第六章 95

儿童的成长：预防自卑情结

如果一个儿童花了很长时间来学习走路，但只要他学
会了就能正常行走，那么就不至于形成影响他后来生活的
自卑情结。但是，一个心理发展本来很正常的儿童总是会
受到行动不便的巨大影响。他认为自己处境不幸，很可能
形成悲观的人生态度，进而影响他将来的行为模式。即便
随着时间的流逝，身体功能上的早期缺陷已然消失。就比
如许多得过佝偻病的儿童，即使在痊愈之后，依然还有疾
病留下的痕迹：罗圈腿、笨拙、支气管炎、头部畸形、脊
骨弯曲、膝盖肿大、关节无力、体态不佳等。他们内心依 96
然存在着患病期间形成的挫败感，以及随之而来的悲观态
度。看到小伙伴们行动自如又轻松，这些儿童会感到一种
压抑的自卑感。他们轻看自己，要么完全丧失信心，只付
出很少努力；要么不顾身体上的缺陷，疯狂追赶那些比他
们更为幸运的伙伴。显然，他们没有足够的认知力来正确
判断自己的处境。

一个很重要的事实是，儿童的发展既不是天赋决定
的，也不是客观环境决定的，他们对外在现实以及自身与
外在现实关系的看法才决定了儿童的发展。儿童与生俱来
的可能性并不占主导地位，我们这些成人对儿童的评价和
看法也无足轻重。重要的是，我们要以儿童的视角来看待
他的处境，以他的错误判断来理解他们。我们不要奢望儿
97 童的行为有章法，那只是成人的逻辑，而是要认识到，儿
童在理解自身的处境时都会犯错。的确，我们应该记住，
儿童要是不犯错，就没有儿童教育一说了；而如果儿童的
错误是注定的，那我们也不可能教育他，使他得到改善。
所以说，谁要是相信儿童性格是天生的，就不能也不应该
做教育儿童的工作。

健康的灵魂也未必一定藏于健康的身体中，若一个身体有缺陷的儿童仍能勇敢面对生活，那么他患病的身体中完全有可能蕴含着健康的灵魂。另一方面，如果这个儿童身体健康，但遭遇了一系列不幸事件，并由此对自己的能力产生错误理解，那他只能拥有不健康的心理了。任何一个挫败都会导致他认为自己无能，这是因为他对困难特别敏感，并把任何障碍都视为他缺乏力量的证明。

有些儿童除了行动障碍外，还有语言障碍。儿童学习
说话和走路经常同时进行，不过，说话能力和行走能力之
98 间毫无联系，它们取决于儿童的教育和家庭环境。由于家
庭的疏忽，一些本不该有说话困难的儿童出现了说话障

碍。毫无疑问，那些既不耳聋、语言器官也完好的儿童，到一定的年龄就能学会说话。可是，在有些情况下，特别是在视觉极为发达的情况下，儿童说话竟会延迟。在另一些情况中，例如父母过分宠爱孩子，总是在孩子开口表达自己诉求之前，代替他们说出一切。这样的孩子也需要花很长时间才能学会说话，我们曾经甚至以为他们耳聋。这种孩子一旦学会说话，他们就会乐此不疲，长大以后通常会成为演说家。作曲家舒曼的妻子克拉拉·舒曼（Klara Schumann）4 岁才会说话，甚至到了 8 岁也只能说极少量的话。她是一个古怪、特别内向的孩子，喜欢待在厨房消磨时光，光从这一点就可以看出没有人关注她。她的父亲认为，“奇怪的是，这一如此明显的精神上的不协调，却是她那异常和谐的一生的开始”。克拉拉·舒曼就是过度补偿的一个例子。

需要加以注意的是，聋哑儿童应该获得特别的训练和 99
教育，因为越来越多的事实表明，完全耳聋的例子并不多。不管他的听觉存在多大程度的受损，他都应该得到最大可能的治疗和提升。罗斯托克的卡茨教授就曾证明，他能够将那些音乐性不足的儿童训练到可以全面欣赏音乐和声音之美的地步。

有些儿童的绝大多数功课都很好，唯独就在某一科目上（通常是数学）不行，不得不让人怀疑他们是不是有点智障。那些算术不好的儿童很可能曾经被这一科目唬住了，从而丧失了把问题处理好的信心。有些家庭，特别是少数艺术之家，反而以不懂计算为荣。另外，那种普遍认为男孩比女孩更擅长数学的说法是错误的，女性中也有很多优秀的数学家和统计学专家。女孩们经常在学校听到人说“男孩计算能力比女孩强”，她们自然就会对算术丧失信心。

100 孩子是否会算术是心理健康的一个重要指标，因为数学是少数几个给人以安全感的学科之一。数学是一种把周遭混乱的世界用数字稳定下来的思维运算，那些具有强烈不安全感的人通常算术也很差。

其他学科同样如此。写作就是把只有内在意识才感知到的声音固定在纸上，也给个体带去了安全感；绘画使得转瞬即逝的光学印象得以永恒；体操和舞蹈表达了一种身体安全感的获得，更重要的是，这种对身体有把握的控制，也多少带来了一些精神上的安全感。也许这就是很多教育者热心运动的原因吧。

自卑感的一个很明显的表现就是很难学会游泳。如果一个儿童轻松学会了游泳，那么这也是他克服其他困难的好兆头。相反，一个学不会游泳的儿童会对自己和游泳教练丧失信心。值得注意的是，许多先前还学不好的儿童，最后却成了游泳健将。这可能是因为这些儿童对当初的困
101 难过于敏感，他们力求达到完美的目标，这种最终的成功激励着他们，最终成为游泳高手。

了解儿童是只依恋一个人还是对好几个人都是如此，这一点也很重要。儿童通常和母亲的关系最为亲密，不然就会和家庭中的另一个成员建立这种依恋关系。这种依附能力每个儿童都有，除非他是弱智或白痴。如果一个儿童由母亲养育长大，却依恋另一个家庭成员，个中原因一定要弄清楚。显然，任何儿童都不应该把自己的全部兴趣和注意力投在母亲一个人身上，因为母亲最重要的任务就是把儿童的兴趣和信任扩展到他的同伴那里。祖父母在儿童的成长中也起着重要的作用，但常常扮演着溺爱儿童的角色。因为老人都担心自己不再被需要，于是产生了过于强烈的自卑感，要么过于吹毛求疵，要么太过心软慈爱。他们为了使自己在儿童心中有分量，从不拒绝儿童的任何要求。去看望祖父母的儿童都不想再回到自己那个满是约束的家中，即便回了家，这些孩子还会抱怨家里不如祖父母 102
家好。我们这里提到祖父母在儿童成长中的作用，是为了提醒教育者在研究任何一个儿童的生活风格时，不要忽视这一重要事实。

儿童由佝偻病引起的行动笨拙（《个体心理问卷》中的问题 2[*]）若长时间没有得到改善，通常可以追溯到他受到太多照料并被宠坏这一事实。母亲们要有足够的教育智慧，不要抹杀了孩子的独立性，即使他们生病了需要特殊

---

* 参见附录一的《个体心理问卷》。

照顾，也应如此。

孩子是否制造了太多的麻烦（问题3）也是一个重要
问题。若情况确实如此，我们可以肯定母亲太过溺爱孩子
了，她没有成功培养孩子的独立性。孩子制造的麻烦通常
表现在睡觉、起床、吃饭或洗澡方面，甚至会做噩梦、尿
103 床。所有这些症状都是试图引起某个人的关注。症状接二
连三地发生着，就像儿童在不断寻找一件又一件能控制成
人的武器。如果儿童表现出这些特征，那么我们可以肯定
地说，这个孩子的生活环境有问题。在这种情况下，惩罚
是没有用的，他们常常还会去刺激父母惩罚自己，并通过
这种方式让父母明白，惩罚完全不起作用。

一个特别重要的问题涉及儿童的智力发展。目前还很
难正确回答这个问题，有时也会建议用比奈—西蒙量表来
测试一下，但结果并不可靠。其他的智力测试也是如此，
因为儿童的智力并不是终生不变的。智力发展一般主要取
决于家庭环境，那些环境较好的家庭能够给孩子提供帮
助，身体发育较好的孩子通常也获得相对较好的精神发
展。不幸的是，那些精神发展顺利的儿童往往会被预设从
事高质量工作或较好的职业，而那些精神发展较慢的儿童
104 只能被分配一些粗话。我们注意到，有些国家会为那些学
习较差的儿童开设特殊班级，而他们绝大多数都来自贫困
家庭。由此，我们得出的结论是，若这些贫困儿童也拥有
支持性的生活环境，那么他们完全可以跟有幸生在条件较

好家庭的儿童一较高下，取得相应的好成绩。

另一个需要探讨的问题是，儿童是否成为被取笑的对象，是否遭戏弄而灰心丧气。有些儿童能经受住别人的嘲笑，有些则可能就此一蹶不振，回避成功必经的艰难险阻，并把注意力投入外在形象，这是对自己没信心的标志。如果一个儿童不断和人争吵，总是担心如果不主动进攻就会受别人的攻击，那么，我们就可以推断出他生活在充满敌意的环境中。这种儿童不守规矩，不知服从，还把遵守规矩视为卑下的标志。在他们眼中，对别人的问候予以礼貌回应就是一种屈辱，因此他们会表现得傲慢无礼。
他们也从不抱怨，因为来自对方的同情也是一种羞辱。他 105
们从不在人前流泪，甚至在本该哭的时候放声大笑，给人一种冷血动物的既视感。实际上，这恰恰是一种害怕暴露软弱的表现。没有哪一种残酷的行为其最深处不是隐藏着软弱，真正强大的人是不会对残忍感兴趣的。这种不顺从的儿童通常也是邋里邋遢的，不修边幅，还咬指甲、挖鼻孔，顽固不化。其实，我们不该放弃他们，而是应该多加鼓励，得让他们明白，他们行为背后隐藏着的是害怕示弱的恐惧。

第 4 个问题有关孩子是否容易和人相处，他属于领导者还是追随者。这个问题和他与人交往的能力有关，即与他社会情感的发展程度或是否有信心有关，更与他选择服从还是支配别人的意愿有关。如果一个孩子主动与人隔绝，这就表明他对自己与别人竞争没有足够的信心，以及他对优越感的追求过于强烈，以至于害怕在人群中只处于次要位置。有收集物品倾向的孩子通常想让自己变强和超
106 越别人，这种倾向比较危险，因为很容易失控，进而让他们变得野心膨胀和贪婪无度。而这又体现了一种内在的虚弱感，希望寻找外在的支撑与支持。一旦这种儿童认为自己被忽视，这种缺乏关注的感觉比一般儿童来得强烈，他们就容易偷盗。

第 5 个问题涉及儿童对学校的态度。我们应该注意他们上学是否磨蹭拖拉，或者情绪激动（这种兴奋通常是不愿上学的标志）。不同情况下，儿童对学校的恐惧害怕有多种表现形式。要做家庭作业时，他们就变得烦躁易怒，还会因此心悸。有些儿童甚至还会表现出器官变化，如性兴奋。给学生打分数的做法并不总是值得提倡，如果不用分数给儿童分类，他们便如释重负。学校不间断的考试促使学生努力获得好的分数，而差的分数就像终身的判决。

107 儿童是自愿做家庭作业，还是得逼着他做呢？忘记做家庭作业表明他有逃避责任的倾向。作业不好好做、一做就不耐烦，都是儿童用来躲避上学的手段，因为他们更愿意干点别的。

儿童懒吗？如果一个孩子在学校没有完成任务，他其实更愿意被视为懒惰，而不是无能。懒人一旦做好某件事情，就会得到赞扬，还会听到“他要是没这么懒，说不定

做得更好”这种话。儿童对于此种说法可太心满意足了，因为这意味着他不再需要证明自己的天赋和能力。那些缺乏勇气、不能集中注意力、总是依赖别人的孩子，以及那些扰乱课堂教学以吸引别人关注、被宠坏的孩子也属于这种类型。

孩子对教师是什么态度？这个问题不好回答。儿童通常会隐藏自己对教师的真实感情。当儿童总是批评同学、意欲让他们出丑时，我们可以判定这种贬低他人的倾向实际上是一种对自己缺乏信心的表现。这种儿童盛气凌人，108
吹毛求疵，总以为比别人知道得多，但这不过是为了掩盖自己的虚弱而已。

最难应付的是那些满不在乎、冷漠和消极的儿童。他们戴着一副假面具，实际上他们不是那么无所谓。这类儿童一旦失去自我控制，通常就会生出很强烈的消极情绪，甚至会试图自杀。他们只做那些被要求去做的事情，害怕失败，总是过高地评价他人。对这类孩子一定要采取鼓励的措施。

那些想在体育运动方面大显身手的孩子，也想在其他领域一展风采，只是他们担心会失败罢了。而那些阅读量远远超过正常儿童的孩子，通常也缺乏勇气，因此希望通过阅读来增加力量感。这样的儿童可以说是幻想上的巨人、现实中的侏儒：他们有着丰富的想象力，却在现实面前畏首畏尾。观察孩子偏爱什么类型的书籍也非常重要：

是喜欢小说、童话、传记、游记，还是科学作品。处于青春期的孩子很容易被色情图书吸引，而糟糕的是，每个大
109 城市都有这样的劣作出售。强烈的性驱力和对性经验的渴望会把孩子的注意力引向这一方面。可以采取以下手段来抵消这种有害影响：帮助儿童为同伴角色做好准备；早期性启蒙；与父母建立友好关系。

第6个问题涉及家庭情况，即家庭成员是否患有疾病，如酒精中毒、神经病、肺病、梅毒、癫痫病。详细了解儿童的身体发育状况也非常重要，比如用嘴呼吸的儿童看起来呆呆的，这是因鼻息肉和扁桃体肥大影响正常呼吸而引起的。在这种情况下，做切除手术是很重要的，有时还会让他相信，当手术过后重返校园时，他可以获得更多应付学业的勇气。

家族疾病也会经常妨碍孩子的成长和进步。有慢性病的父母会给孩子造成严重的负担；神经和心理疾病会给整个家庭带来压抑的气氛。如果可以，尽量不要让孩子知道家里人患有心理疾病，这会给整个家庭蒙上一层阴霾。人
110 们迷信地认为，这种疾病会遗传。其他病症如肺病和癌症也是如此。所有这些疾病都会对儿童的心理产生可怕的影响，所以有时让小孩离开这样的家庭氛围会更好。家庭中的慢性酒精中毒和犯罪倾向就像毒素一样，经常让孩子难以抵御，然而把他们从这样的家庭中解救出来，也常常难以找到合适的安置地。癫痫病患者容易动怒并破坏家庭的

和谐，但危害最大的莫过于染上梅毒。梅毒患者的子女大多非常虚弱，他们遗传了这一疾病，并发现自己很难应对生活。

我们不能忽视的事实是，家庭的物质生活条件会影响儿童的生活观念。相对于家庭物质条件较好的儿童，出身贫困的儿童会有一种匮乏感。小康之家的孩子一旦家庭经济状况不佳、没有了往日所习惯的舒适，便往往难以应付生活。如果祖父母家庭的物质条件优于父母家庭，给孩子带来的张力则更为强烈，就像彼特·根特（Peter Ghent）
总是摆脱不掉祖父权势显赫而父亲却一事无成带来的痛 111
苦。这样家庭的孩子通常会为了抗议懒惰的父亲而变得异常勤奋努力。

当儿童初次面对突如其来的死亡时，他们会无比震撼，其影响足以贯穿一生。一个对此毫无准备的孩子一旦直面死亡，他将第一次认识到生命也有终结。这可能会彻底击垮儿童，或至少令其胆怯恐惧。我们可以从很多医生的自传中发现，他们之所以选择从医，就是因为曾经直面死亡的经历是那么令人猝不及防，这也很好地证明了死亡对孩子的影响之深！因此，不应让孩子背上这种负担，因为他们还不能完全应付与死亡的不期而遇。孤儿或继子女通常会把他们的不幸归咎于父母的死亡。

了解家里由谁做主也非常重要。决策者通常都是父亲，如果家庭由母亲或继母做主，会对儿童的成长产生不正常的影响，父亲通常也会得不到孩子的尊敬。家里由母亲做主的男孩对女人通常都会有一种挥之不去的畏惧。这样的男人要么回避女人，要么让家里的女人（包括妻子）苦恼不已。

112 我们还有必要了解孩子的养育是严厉的还是温和的，个体心理学不主张用过于严厉或过于温和的方式。重要的是理解他们，教他们少犯错误，并不断地鼓励他们勇敢地面对和解决问题，同时帮助发展他们的社会情感。那些对孩子过于挑剔的父母只会带来伤害，因为他们让孩子完全丧失了勇气和信心。而过于温和或溺爱的教育又会使孩子形成依赖心理和依附某人的倾向。因此，父母既要避免美化现实，也不要用悲观的态度来描摹世界。他们的职责是让孩子尽可能充分地为生活做好准备，以便日后能照顾好自己。那些没有被教导如何面对困难的儿童会试图回避生活中所有的艰难险阻，从而使自己的生活范围越来越狭小。

知道是谁在照顾孩子也很重要。这个人当然并不一定
得是孩子的母亲，但她必须了解孩子交给谁来照料。教育
孩子最好的方式就是在合理范围内让他们从经验中学习，
113 因为只有这样，孩子的行为才不会受到他人的限制，而是
受事实本身的逻辑所指引。

问题 7 涉及孩子在家庭中所处的位置排序，这对于孩子的性格发展同样意义重大。独生子女的情况非常特殊；最小的孩子，以及兄弟姐妹中唯一的男孩或者女孩，其情

况也都很特殊。

问题 8 涉及职业选择。这也特别重要，因为它会显示环境对儿童的影响、勇气与社会情感的发展程度以及他的生活节奏。白日梦（问题 9）和对童年的记忆（问题 10）一样富有意义。那些学会理解孩子童年记忆的人经常能够从中发掘出他们的整个生活风格。梦境也会显示出儿童的发展方向，指明他们是在尝试解决问题还是回避问题。我们还要知道儿童是否有语言障碍；要知道他们长相是美是丑，体型是好是糟（问题 13）。

问题 14：儿童是否公开谈论自己的情况？有些儿童会 114
吹嘘自己以补偿自卑感，而有些孩子则拒绝谈论自己，他们害怕会因此遭人利用，或担心一旦暴露自己的弱点，会带来新的伤害。

问题 15：如果儿童在某一科目比如音乐或绘画上获得成功，我们就应该在此基础上鼓励他们在其他科目提高成就。

若孩子长到 15 岁还不知道自己想成为什么，我们就可以认为这个孩子完全丧失了信心，应该给予他们相应的帮助。此外，我们还应该关注其他家庭成员的职业以及兄弟姐妹在社会地位上的差异。父母不幸福的婚姻也会影响孩子的整体发展。教师的义务就是谨慎行事，切实了解儿童及其周围世界，并利用问卷调查所了解的情况来对他们进行矫正和改善。

115

第七章

社会情感及其发展障碍

和前面几章所讨论的追求优越感的案例不同，我们在许多儿童和成人身上也会发现一种倾向：把自己和他人联结起来、与他人合作完成任务并使自己成为对社会有用的人。对于这些现象，用社会情感（social feeling）这个词来概括最好不过了。那么，社会情感的根源是什么？这个问题尚有争议。不过，根据笔者目前的发现，我们似乎应该先处理与人的概念密切相关的问题。

也许有人会问，这种社会情感是否比对优越感的追求更加接近人的本质？对此给出的回答是，两者从根本上来
116 说拥有相同的内核——个体追求优越感和渴望社会情感都是建立在人的本性基础之上。它们都是渴望获得肯定和认可的表现，只是在形式上存在不同，而这种差异又涉及对人的本性的两种不同判断。个体追求优越感涉及的判断是个体不必依赖群体也能成功；而渴望社会情感涉及的判断则是个体在一定程度上还是依赖于群体和社会的。前者代

表一种更为合理、在逻辑上更基本的观点，后者则是一种肤浅的表象，即使它作为一种心理现象在个人生活中更常见。

如果想知道社会情感在何种意义上是合乎真理和逻辑的，我们只需要从历史的角度来思考即可。我们会发现，人总是以群体的形式生活在一起。这个事实并不令人吃惊，因为无法凭一己之力保护自己的生活，不得不群居在
一起以求自保。把狮子和人作一比较我们就会看到，人作 117
为高级动物，他的生存极不安全。那些和人类体型相当的动物，绝大多数都被大自然赋予了更强大的力量、更佳的攻击与防御武器。达尔文观察到，所有那些防御能力不够强大的动物总是成群出没。比如，那些身体力量惊人的猩猩一般都是和伴侣单独生活，而猿类家族中那些体型较小、力量较弱的成员则总是成群结伴。达尔文指出，由于大自然没有赋予这些动物尖牙利爪和翅膀等，它们便组成群体以补偿这方面的不足。

群居不仅可以弥补单个动物作为个体缺乏的能力，还能促使它们发现新的保护方法以改善处境。例如，有些猴群会派出先遣部队，查看附近是否有敌人。它们通过这种
方式汇聚集体力量，以弥补群体中每一个体力量的不足。 118
我们还能发现，水牛也会通过集结在一起，成功抵御体型远大于它们的单个敌人的进攻。

研究这类问题的动物学家们也指出，在这些动物群体

中，经常会发现类似于人类遵纪守法行为的安排。比如，派出侦察情况的动物必须按照特定的行为规则来生活，它们所犯的每个错误或每一次违规都会受到群体的严厉惩罚。

有趣的是，许多历史学家断言，人类最古老的法律涉及部落的守望者。如果真是如此，我们就对因弱小个体不能保护自己而发明的群体观念有了直观的认识。从某种意义上说，任何社会情感都反映了体能上的虚弱，并与体能关系密切。因此，就人类来说，婴幼儿的无助和发展缓慢也许是培养社会情感的最重要因素。

遍观整个动物界，我们会发现没有哪个动物像人类的孩子出生时那样茫然无助。而且，人类幼崽达到成熟所需的时间也是最长的，这并不是因为儿童在成为大人之前有
119 无数的东西需要学习，而是因为人的成长方式本就不同。受身体器官发育成熟的时长影响，儿童需要父母保护的时间显然更长。如果失去了这样的保护，人类就会灭绝。我们可以把儿童体能上的脆弱期，视为把教育和社会情感联系起来的时刻。由于儿童身体发育得不成熟，教育就变得尤为必要，而教育的目的基于这样一个事实：只有通过群体才能克服儿童的不成熟。教育的目的必然是社会性的。

在针对儿童的所有教育规则和教育方法中，我们绝对不能忽视群体生活和社会适应的思想。不管是否能意识到，我们总会赞美那些对社会有益的行为，而对那些于社

会不利或有害的行为嗤之以鼻。

我们观察到的所有教育错误之所以是错误的，都是因
为我们认为它们对社会不利。任何伟大的成就，甚至人的 120
能力发展，也都是在社会生活的压力和社会情感的引导下取得的。

以语言为例，一个独居的人是不需要语言的。人类既然已经发展出了言语能力，这就是集体生活必要性的有力证明。语言既是人与人之间独特的纽带，也是人类群居生活的产物。只有从群居和社会的思想出发，言语心理学才是可以理解的。独居的人不会对语言感兴趣。如果一个孩子没有广泛参与到社会中，而只是在封闭和隔离的环境中成长，那么，他开口说话的能力就会受到阻碍。只有当个体与他人产生联结时，他才能获得并发展其语言天赋。

人们通常以为有些孩子之所以比另一些孩子更善于表达，仅仅是因为他们更具语言天赋。其实不然。有语言障碍或交流障碍的儿童通常缺乏强烈的社会情感。那些不善言辞的儿童通常是由于被过分宠爱，在他们开口表达自己
的诉求之前，母亲早已为他们准备好了一切。久而久之， 121
儿童感到没有必要开口说话，因而也就丧失了与外界的交流，丧失了社会适应能力。

但是，有些儿童不愿说话，是因为他们的父母从不让他们说一句完整的话，也从不让他们自己回答问题；还有一些则是因为说话时被取笑和嘲讽而丧失开口的勇气。不

断纠正和挑剔儿童的话语似乎是儿童教育中广泛存在的不当行为，引发的严重后果就是，这些儿童经年累月地感到低人一等和深深的自卑。例如，有些人在开始说话前都会习惯性地说一句“请不要笑我”，我们经常能听到这样的表述，很显然，这些人在童年时说话经常被人取笑。

也有孩子能说能听但父母是聋哑人的例子。每当孩子受伤时，他只是默不作声地流泪。让父母看到他的痛苦就可以了，但不必听到，听到也没什么用处。

不敢想象，要是没有社会情感，人类其他能力，比如
122 理解力和逻辑感的发展将会是什么样的。完全独居的人根本不需要逻辑，至少他对逻辑的需要不会强于任何一种动物。另一方面，一个人若总与别人打交道，他就必须使用语言、逻辑和常识，也必然能获得和发展社会情感。这是所有逻辑思考的最终目的。

有时候，某些人的行为在我们看来愚蠢至极，但在他们眼中这些行为却是相当明智的。这种现象经常发生在那些总以为别人也像自己一样看待问题的人身上，这表明社会情感或常识对于行为判断是多么重要（更不用说如果社会生活没这么复杂，没给个体带来如此错综复杂的问题，那么常识的培养也没有必要了）。我们也就可以很好地想象到，为什么原始人会一直停留在原始水平，就是因为他们相对简单的生活没有刺激他们发展出更深刻的思想。

社会情感对语言能力和逻辑思维能力的发展起着极为

重要的作用，这是人类独有的两大神圣能力，如果每个人在解决问题时都不顾及他所生活的社会，或者使用只有他 123
自己才懂的语言，那可就乱了套了。社会情感给人的安全感是个体生活的主要支撑。这种安全感也许和逻辑思考及真理所给予我们的信任不同，但它是这种信任最显著的组成部分。举个例子，为什么数学计算能得到各方的接受，使得我们倾向于认为用数字表达的东西才是真实和正确的。原因就在于数字运算更容易传递给我们的交流对象，我们的大脑也更容易对此进行操作。对于不能传播、不能与人分享的真理，我们总是不会抱以太大的信任。毫无疑问，这也是为什么柏拉图尝试按照数字和数学模式来建构自己的哲学大厦。从他希望哲学家再回到“洞穴”之中与众悲欢这一点，我们就可以更加清晰地认识到他的哲学与社会情感的密切关系。在柏拉图看来，如果没有源于社会情感的安全感，哲学家也没办法好好地正常生活。

所以说，那些没有安全感的孩子一旦与别人接触或必
须独立完成某一任务时，他们在安全感方面的欠缺就会显 124
露无遗。这种不安全感还会表现在学习上，特别是那些要求客观和逻辑思考的学科，比如数学。

人们在童年时期接触到的概念（例如道德感、伦理等）通常都是片面的。那些注定要独自过活的人是无法理解何为伦理的。只有当我们考虑到社会和他人权益时，道德观念才会出现。不过，在审美和艺术创作方面，却很难

证实这个观点。但即便在艺术领域，我们也还是能感受到一种普遍的、一致的艺术印象，这可能源于我们对健康、力量和正确的社会发展等的理解。当然，艺术的边界弹性较大，为个体的品味提供了更多的空间。但总的来说，艺术与美学同样遵循着社会方向。

那么问题来了：我们如何明确儿童社会情感的发展程
125 度呢？对此我们的回答是，一定要观察他们的某些特定行为表现。比如说，如果我们看到一个儿童在追求优越感时丝毫不顾及他人，那么可以肯定地说，他比那些没有表现出此种行为的人更缺乏社会情感。在当代文化中，我们很难想象会有不想追求优越感的儿童。正因为如此，他们的社会情感通常没有得到充分的发展。古今的道德家化身人类的批判者，不断抨击人的这种状况：人类的本性就是以自我为中心，对自我的考虑本就多于他人。这种批判总是以道德说教的形式出现，对儿童和成人根本不起作用，因为没有什么事情是仅靠说教就能取得效果的。人们最终也这样来安慰自己：其他人并不比我好到哪里去。

在面对一个孩子思维混乱，甚至发展出伤害或犯罪的倾向时，我们就要意识到，长篇累牍的道德说教不会有任何效果。这种情况下，必须进行深入探究，以便将其心理
126 的阴暗面连根拔除。换句话说，我们不是法官，没必要对他们进行审判，而是应该充当朋友或医生的角色。

如果我们不断地告诉一个小孩他很坏、很蠢，那么，

不用多长时间，他就会相信我们说的是对的，接下来他就会对面临的任何问题都没有信心，最终发展成为无论做什么都会失败。自己很笨的信念像一根刺深深地扎进心里拔不出来。这个孩子并不明白环境才是摧毁他自信的根源，而自己在不知不觉中规划着生活，以证明对他的错误判断是正确的。他会感到自己不如别人，无论在能力还是发展的可能性上都受到限制。他的态度毫无保留地向人展示着其消沉的心境，而这与环境施加在他身上的压力直接相关。

个体心理学试图表明，在儿童所犯的每个错误中常常可以看到环境的影响。就比如一个邋遢的孩子身后总跟着一个帮他收拾的人；一个爱撒谎的孩子身后总有一个用强硬手段纠正其说谎的蛮横大人。我们甚至可以从孩子吹牛的习惯中找到环境影响的痕迹。这种小孩通常以为表扬才 127
是必要的，而不是成功地完成任务，因此他在追求优越感的过程中总是试图唤起来自家庭成员的赞美之词。

父母总有忽视或误解孩子的时候，那些处在不同位置的孩子的情况则各不相同。长子的地位之所以特别，是因为有段时间他曾是家里唯一的孩子，这种经历是次子无从知晓的。幺子的处境也不是其他孩子所能体会的，因为他曾是家里最小和最弱的孩子。还有其他更具体的情况：如果是两个男孩或两个女孩一起成长，那么年龄较大、能力较强的孩子要克服的困难是较小的孩子仍要面对的。年龄较小的孩子的处境要相对不利一些，当然，他也能感受到这一点。为了补偿这种自卑感，他会加倍努力来超越哥哥或姐姐。

128 长期研究儿童的个体心理学家通常能够判断出儿童在家中排行老几。当哥哥/姐姐正常稳定地成长着时，这会刺激弟弟/妹妹投入更大的努力追上他们。其结果是，较小的孩子通常更加积极进取和咄咄逼人。而要是年龄较大的儿童比较虚弱，发展缓慢，那么，年龄较小的孩子就不会急着投入巨大的努力来与之竞争。

因此，确定儿童在家庭的位置是很重要的，只有了解他在家庭中的位置，才能彻底地了解孩子本身。家庭中年龄最小的儿童必然会表现出他是老幺的迹象和特征。当然也有例外，但大部分情况下，最小的孩子通常都想超越所有人，他们从不会安静本分地待着，总是要不断采取进一步的行动，因为他们感到也坚信自己必须比其他人做得更多、更好。这样的观察对于儿童的教育很有意义，决定着要对他们采取什么样的教育方法。对所有儿童采取一以贯
129 之的方法肯定是行不通的。每个孩子都是独特的，当我们按照一定的标准给他们分类时，必须注意把每个孩子作为个体来对待。这对学校来说当然很难办到，但对于家庭而言则是可行的。

幺子总想突出和表现自己，很多时候他们也的确能成功。这一点异常重要，因为它极大地动摇了心理特征是遗传而来的这一观念。当不同家庭的幺子都有巨大的相似之

处时，那么遗传之说就不那么站得住脚了。

另一类幺子和之前描述的积极进取型则正好相反，他们完全没有信心，懒散至极。这两种儿童表面上的极大差异，可以从心理学上加以解释。没有人会比那些渴望超越其他所有人的个体更容易受到困难的打击了。他的远大抱负令其闷闷不乐，而且一旦遇到似乎不可逾越的障碍，他比那些目标没那么高远的人逃跑得还要快。我们可以从一 130
句拉丁谚语中看出这两类儿童的人格化特征，“Aut Csesar, aut nullus”这句话，翻译过来就是“要么成为恺撒，要么成为草芥”。也就是说幺子要么功成名就，享有一切；要么潦草一生，无足轻重。

《圣经》中也记载着一些和我们的经验基本一致的精彩描述，例如约瑟夫、大卫和扫罗的故事等。人们也许会提出异议：约瑟夫还有个弟弟本杰明。但本杰明出生时，约瑟夫已经 17 岁了。因此，约瑟夫仍可被视为幺子。除了《圣经》，我们还可以从童话故事中找到由最小的孩子为家庭提供经济来源的例子。没有哪个童话故事中的幼子没有超越他的哥哥姐姐，无论是德国、俄罗斯、斯堪的纳维亚或中国的童话，最小的孩子总是征服者。这绝对不是偶然，其原因或许在于，故事中的幼子形象要比今天更为突出和鲜明。在原始的条件下，我们更容易注意到这种现象，因而对于幼子之类的形象也能做出更好的观察。

131 有关儿童因所处家庭地位而对应形成的人格特征，还有更多可说之处。例如，长子就有许多共同的特征，可以将之划分为两三个主要类型。

本书作者曾经花很长一段时间研究长子问题，不过一直没有理清头绪，直到偶然读到冯塔纳（Fontane）自传中的一段文字。这段话描述了他的父亲，一个法国移民参加一场波兰对俄罗斯战争的情况：当他的父亲读到 1 万名波军击败 5 万名俄军，使其四处逃窜时，总是感到非常高兴和幸福。冯塔纳并不理解父亲有什么可开心的。相反，他还提出异议，理由是 5 万名俄军当然比 1 万名波军强大，“如果不是这样，我一点都不会高兴，因为强者永远是强者”。读到这段文字，我们马上可以得出“冯塔纳是长子”的结论。只有长子才会说出这样的话。冯塔纳回想起，当他是独生子时所拥有的无上权力，并感到被弱者废黜是多
132 么不公平。其实，人们早就发现了长子通常性格保守。他们崇尚权力、规则和法律，倾向于坦诚而毫无歉意地接受专制主义。他们对权位持积极肯定的态度，因为他们自己曾一度拥有过这种权位。

同样地，长子中也有例外。这里以一个案例来说明，案例中的儿童一直以来被人忽视，自妹妹出生以来，这个长子就开始扮演悲剧的角色。即使不提这个事实本身，我们通常也可以从对他无所适从、完全灰心丧气的描述中认识到，一切都与他那年幼且聪明的妹妹有关。这种情况的

频繁发生并不是偶然，它有着完全合理的解释。我们知
道，当今文化把男人看得比女人重要得多，长子尤其受到
过分宠爱，父母对他也期望甚多。他的处境一直非常有
利，直到有一天他的妹妹突然降临。女孩进入的世界不仅
仅有一个被宠坏的哥哥，哥哥还视她为讨厌的入侵者，并
与她奋力争夺一切。这种处境激励着小女孩做出非比寻常 133
的努力，只要她不倒下，这种激励就会作用于她整个人
生。于是，小女孩进步神速，这也吓坏了哥哥，他突然意
识到妹妹的进步严重危及男人优越的神话。他变得不安、
惶恐；而且大自然的规律使得女孩在 14—16 岁期间的心理
和身体发育就是比男孩快。于是，哥哥的不安全感很有可
能变成彻底的气馁。他轻易地丧失了自信，放弃与之抗
衡。他还给自己寻找各种合理的借口，或为自己设置障
碍，以作为不愿努力的理由。

有很多这样的长子，他们迷茫、无望、懒散或神经质的原因别无其他，皆是因为他们感到自己不足以与妹妹竞争。某些时候他们还会令人难以置信地憎恨女人，他们通常命运悲惨，因为很少有人能理解他们的处境并向他们解释原因。有时情况竟糟糕到他们的父母和其他家庭成员都会抱怨：“为什么情况不能反过来？为什么男孩不是女孩那样，女孩不是男孩那样？”

家中只有姊妹的男孩也有类似的性格特征。在这样一 134
种女多男少的家庭，很难不形成一种以女性为主导的氛

围。这个唯一的男孩要么是团宠，要么被集体排斥。这类男孩的发展自然各不相同，但还是存在共性。有一种普遍的观点认为男孩不应该单由女性来教育，但我们不要从字面上理解这句话的意思，因为所有的男孩最初都是由女性抚养的。它真正的意思是说，男孩不能仅在只有女人的环境中成长。这个观点并不是歧视女性，而是防止从这种环境中产生误解和偏见。这对只在男性环境中成长的女孩也一样。那些在男性环境中成长的女孩通常会受到男性的鄙夷，带来的结果就是，女孩会为了与男孩平起平坐而去模仿他们，这对她之后的生活非常不利。

一个人就算宽容大度，也不可能认可“对女孩的养育方式应该像男孩那样”的观点。短时间内还说得过去，但
135 很快，某些避不开的差异就会浮现出来。男人由于身体构造的原因，会在生活中扮演不同的角色，这种身体构造在职业选择上也起一定的作用。那些不满意自己女性角色的女孩会发现很难适应那些为女人而设的职业。对于将来的婚姻和家庭生活，女人的角色教育显然不同于男人的角色教育。对自己性别不满意的女孩通常认为婚姻是一种自我堕落的体现；即便结了婚，也会尽量让自己掌握主动权。那些被当成女孩养大的男孩也会面临同样的问题，很难适应当前文化对他们的期待。

在思考以上情形时，我们不要忘记一个人的生活风格通常在四五岁的时候就已经形成了，在这段时间内必须培

养他们的社会情感和必要的社会适应能力。这样到了五岁左右，他对周围环境的态度通常已经固定了下来，并在今后的生活中保持着大致相同的发展方向。他对外在世界的感知基本保持不变；从此，他会陷入自己观念的陷阱，并 136
不断地重复他原初的心理机制和由此产生的行为。一个人的社会情感往往受到他自身精神视野的限制。

137

第八章

儿童在家庭中的位置：心理处境及对策

我们已经知道，儿童的发展和他们对自己在环境中所处位置的无意识理解是一致的；长子、次子和老三的发展各不相同，而这种发展和他们在家庭中的排序相符合。儿童早期的处境被视为对其性格发展的一种磨炼和锻造。

儿童的教育不能开始得过早。儿童在成长过程中会逐渐形成一套规则或模式来指导自己的行为，并调节对不同情境的反应。如果孩子尚小，他用来指导未来行为的特定模式才刚有一点苗头。待几年的练习之后，这种行为模式
138 才会固定下来。因此，他的行为不再是客观的反应，而是受制于他对自己早期经验的无意识理解。如果他对某一情境或解决某一难题的能力产生了错误的理解，那么，这种错误的理解和判断依然决定着他的行为。只要这种原初的、童年时期形成的看法没有被矫正过来，那再多的逻辑或常识也不会改变他成年以后的行为。

在儿童的成长中总会存在主观的一面，这是他个性的

体现，教育工作者必须对此有所了解。正是个性提醒我们不该用统一的法则来教育所有儿童。这也是对不同儿童运用同一教育原则却取得不同效果的原因。

另一方面，当我们看到儿童用几乎相同的方式对同一情境做出反应时，不要认为这是自然法则在起作用。真实的情况是，当对情境普遍缺乏理解和认识时，人类就易于犯相同的错误。一般认为，当家庭再次迎来新生命时，早先出生的孩子就会心生嫉妒。但其实也有例外，如果我们能让儿童做好迎接弟弟妹妹到来的准备，就没有嫉妒这回事了。犯了错的孩子就像站在山脚小道前的旅人，不知道该去哪，也不知道该怎么去。但当他终于找到对的路途，成功抵达小镇时，会听到人们惊奇地说：“几乎所有在这条小道徘徊的人都迷失过方向。”儿童所犯的错就像一条条迷惑人心的小道，它们看上去很容易穿过，因而极具吸引力。

还有许多其他的情境会对儿童的性格产生不可估量的影响。我们不是经常看到一个家庭的两个孩子中一个好而另一个坏么！我们只要稍加研究，就会发现那个坏小孩对优越感的追求过于强烈，他总想凌驾于所有人之上，并尽全部力量来掌控周围环境。家里到处都能听见他的哭喊声。相反，另一孩子则非常安静又温和，是家里的宠儿，还经常被拿来做榜样。父母也很难理解俩人的差别为何这
么大。通过调查我们知道，那个好孩子发现借助优异的表 140

现可以获得更多的认可，并成功战胜了与之竞争的坏孩子。显然，当这两个孩子之间出现了这种性质的竞争时，那个坏孩子对试图通过更好的行为表现来超越好孩子并不抱希望，于是，他便朝相反的方向走去。也就是说，他会尽可能地调皮捣蛋。经验告诉我们，这种淘气的孩子反而可能会变得比他的兄弟姐妹更好。同时，经验也告诉我们，对优越感过于强烈的渴求会使得个体往某个极端的方向努力。学校里同样如此。

我们不能因为两个孩子在相同的条件下成长，就预言他们长大后会一模一样，而且没有任何两个儿童是在完全相同的条件下成长的。乖巧孩子的性格也极大地受到淘气小孩的影响。实际上，许多儿童最开始的行为表现还是很好的，只不过后来变成了问题儿童。

举个例子，有个 17 岁女孩，10 岁以前一直是个模范
141 儿童，她有个比自己大 11 岁的被宠坏了的哥哥。也难怪，毕竟他曾经长达 11 年作为家里唯一的孩子存在。女孩刚出生时哥哥并不嫉妒她，还当自己是独生子，行为照旧。当女孩长到 10 岁时，哥哥开始长时间离家，于是，她便获得了类似独生女的位置。这种地位让她觉得自己可以不惜一切代价地我行我素。她家境本就富裕，自己也还是小孩子，因而她的任何要求都很容易得到满足。不过，当她再大一点时，家里就不太可能满足她所有的要求了。她开始表现出不满，并利用家庭的资金信用去借钱，很快便背上

了一笔巨大的债务。这个女孩选择了另一条道路来满足自己的欲望。当母亲拒绝满足她的要求时，女孩过去的良好行为全都消失了，不断地哭闹和争吵，最终发展出最不受待见的形象。

从这个案例和其他类似案例中可以得出一个普遍的结论：儿童可以用良好的行为来满足自己对优越感的追求，
但也因此我们不能确信，当情况发生变化时，他的良好行 142
为是否会保持下去。本书附录一的心理问卷为我们提供了一幅关于某个儿童、他的活动以及他与周围世界和周围人的关系的完整图画。他的生活风格总会有所显现，而且如果我们对这个儿童和借助心理问卷所获得的信息进行深入研究，那么就会发现，这个孩子的性格特质、情感以及生活风格都是他的手段，用来获得优越感、增强自己的价值感，并取得一定的声望。

学校里经常有这么一类儿童，似乎和我们这里的描述相矛盾。他们懒惰、邋遢又内向，对知识、纪律和批评无动于衷，只沉浸在自己幻想的世界中，丝毫没有表现出对优越感的追求。但在经验丰富的人看来，这也是追求优越感的一种形式，尽管是很荒唐的那种。这种孩子根本不相信自己能通过常规途径获得成功，所以尽力避免所有可以改善和提高自己的方式和机会。他把自己封闭起来，给人
一种性格坚强的印象。但这并不是他人格的全部，在坚强 143
背后，我们通常能够发现一颗异常敏感和孱弱的心灵，需

要由表层的坚毅外壳保护着免受伤害和痛苦。他将自己裹进盔甲之中，这样任何东西都没法靠近和伤害他了。

要是谁能找到方法让这种类型的孩子说话，就会发现他们过于专注自己，沉溺于把自己想象得很伟大、很优越的白日梦和幻想中。在梦里他们或是征服众人的英雄，或是生杀予夺的君主，或是救苦救难的烈士，而现实则与此相差甚远。有些儿童不仅在幻想中，有时还会在现实行动之中扮演救世主的角色。当别人身处危险时，这些儿童会挺身相救。那些幻想自己是救世主的儿童，也会训练自己在现实中扮演这样的角色，而且，只要还没完全丧失自信，一旦机会出现，他们仍会扮演这种角色。

某些白日梦会不断地出现。在奥地利君主时期，许多
144 儿童都做过拯救国王或王子于危险之境的白日梦。父母自然不会知道孩子脑海中萦绕着的这些念头，他们所看见的是，那些经常做白日梦的儿童无法适应现实，也不能使自己成为有用的人。在这种情况下，现实和幻想之间存在着巨大的鸿沟。也有些孩子比较中庸：他们在继续做白日梦的同时，也稍作努力去适应现实。但有些则完全不做任何调整，他们从现实中日渐抽离，转而沉溺于自己构建的专属幻想世界里。当然，还有些儿童根本不想沾染幻想世界，而只专注于现实，读读游记、狩猎和历史等方面的书籍。

毫无疑问，儿童既需要一定的想象世界，也要具有适

应现实的意愿。但请别忘了，儿童看问题和我们成人不同，他们很容易将世界划分为尖锐的两个极端。要理解儿童，我们就一定得认识到这样一个重要事实：儿童非常倾向于将任何事物划分为对立的两个部分（上或下，全好或全坏，聪明或愚蠢，优越或自卑，全有或全无）。有些成人
也有这样对立的认知方式。众所周知，要摆脱这种认知方 145
式异常困难，例如，我们会把冷和热对立起来，而在科学意义上，冷和热的区别只是温度上的差异。除了儿童身上，我们还能在哲学思考的初始阶段发现这种思维方式。在古希腊哲学中这种思维方式就曾占据主导地位。甚至今天，几乎所有的业余哲学家都借助对立的思想来进行价值判断。有些人甚至还确定了一些绝对对立的准则，如生与死、上与下乃至男与女。今天儿童的认知方式和古代哲学的思考方式之间存在明显的相似性。我们可以猜测，那些习惯把世界分为尖锐对立的两个部分的成人，仍然保留着儿童时期的思维方式。

对于那些按照这种对立的认知方式来生活的人，有句格言特别贴切他们的思维——“要么全有，要么全无”。当然，在这个世界上“全有或全无”的理想不可能实现，但也不乏有人以此来安排自己的生活。全有或全无对人类
来说是不可能的，在这两个极端之间还有无数等级。拥有 146
这种思维方式的人通常受着强烈自卑感的煎熬，并发展出作为补偿的过度膨胀的野心。历史上有不少这样的例子，

比如恺撒，他在谋取王位时被朋友杀害了。儿童的许多怪癖和性格特征——如偏执——都可以追溯到这种“全有或全无”的认知方式。这种特征在儿童的生活中俯拾即是，我们甚至可以得出结论：这样的儿童一般都形成了一种独有的哲学或与常识相反的个人智慧。这里以一个极其偏执和顽固的4岁女孩为例来进行说明。一天母亲给她一个橙子，她接下橙子立即把它扔在地上，说道：“你给我什么我都不要，我喜欢什么我会自己拿!”

没法“全部拥有”的懒惰邋遢儿童只能逐渐退缩到白日梦、幻想和空中楼阁的空洞与虚无之中。但不要急于下结论说这种孩子已无可救药。我们非常清楚，过分敏感的
147 孩子会很快从现实中抽身，因为自己建构的幻想世界能在一定程度上保护他们免受进一步的伤害。不过，这种逃避并不必然意味着他们完全不具有适应和调适能力。对现实保持一定距离不仅对作家和艺术家是必要的，甚至对科学家而言也是必要的，因为科学家也需要拥有良好的想象力。白日梦里的幻想不过是个体为了绕过生活中的不快和可能的失败而选择的一条迂回小道罢了。我们不要忘记，正是这些拥有丰富想象且后来又把幻想和现实联系起来的人成了人类的领袖。他们之所以能成为领袖，不仅仅是因为他们受过良好的学校教育，拥有敏锐的洞察力，还因为他们具有面对困难和克服困难的意识和勇气。从伟人的生平传记中我们经常能看到，他们在儿童时期很少关注现

实，成绩也不好，但他们拥有洞察周围世界的卓越能力。因此，当有利条件出现时，他们便会勇气倍增，足以使他们在再次直面现实时，便立刻投入战斗。当然，如何把儿 148
童培养成伟人无章可循。但我们要铭记于心的是，绝对不可以粗暴、鲁莽地对待儿童；而是要不断鼓励他们，不断向他们说明现实生活的意义，从而不至于出现想象世界与现实世界的巨大鸿沟。

149

第九章

检验儿童准备工作的新环境

心理生活不仅是一个统一体，体现为人格在任何时刻的所有表现都密切关联；而且也是一个连续体，因为人格在时间中的展开并不会出现突然的跳跃。当下和将来的行为总是符合过去的性格特征，但这不是说个体一生中的事件都机械地为过去和遗传所决定。不过，这确实意味着个体的未来和过去“一脉相承”，不存在断裂一说。我们不可能一夜之间跳出原来的皮囊，而成为全新的自己，尽管我们从来也不知道皮囊之下到底有什么。换句话说，我们对自己的潜能和才智一无所知，除非能将它们全部发挥出来。

正是因为人格发展的连续性并不伴随机械决定论，我们才有教育和改善个体人格的机会，并有可能检测出儿童
150 在某一时刻的性格发展状况。个体进入新环境时，他隐藏着的性格特质就会表现出来。如果能够直接对个体进行实验，那么我们就可以通过把个体带入一个没有预料到的新

环境之中，来发现他们的人格发展状态。个体在新环境中的行为一定与他们过去的性格相一致，因而在一般情况下不会表现出的性格会在此时暴露出来。

就儿童而言，在一些重大的转变期，如离家上学或家庭条件发生变故，我们能深入地观察到儿童的性格特征。他们性格上的局限性会在此时很清晰地显现出来，就像相片的底片被放进显影剂而显现出图像一样。

我们观察过一个被收养的孩子。他脾气暴躁，行为捉摸不定，没人能预料到他下一步会干出什么事来。我们同他交谈，他并没有顺着回答，而是说了一些和我们的问题毫不相干的东西。在了解这个孩子的整体情况后，我们得出一个结论：尽管这个孩子已经来养父母家好几个月了，
但其实他对他们仍怀有敌意，所以他并不喜欢养父母的家。 151

这是我们能从中得出的唯一结论。这对养父母先是摇了摇头，然后说他们对孩子很好，要比这孩子以前受到的对待好太多了。不过，善待并不是关键因素。我们经常听到这对父母说：“我们对小孩用尽了方法，软硬兼施，但就是不起作用。”仅仅善待孩子是不够的。许多孩子会对父母的善意有所回应，但不能就此认为我们改变了他们。孩子仍会觉得，这种善待只是暂时的，他们的处境并没有根本性的变化，一旦这种善待消失，他们会立马回到以前的状态。

这种情况下，必须了解这个孩子是什么感受，他如何

看待自己的处境；而不是这对养父母是怎么想的。我们向
这对养父母说明孩子在他们这儿并不感到幸福，但无法指
出这个孩子的不幸福感是否有其合理性，不过，肯定发生
过什么事情，在他身上产生了这样的厌恶感。我们告诉这
对父母，如果他们觉得自己不能矫正孩子的错误，无法获
152 得他的爱，那么他们将不得不把他转送他人，因为这孩子
会不断反抗那些他认为是囚禁的做法。果不其然，我们听
说这个男孩后来变得异常暴躁，成了真正的危险人物。若
被温柔以待，这孩子的情况或许会有些许好转；但即使那
样也远远不够，因为他自己并不清楚背后的完整逻辑，而
随着我们进一步搜寻到更多信息，原因才逐渐明晰。真实
的情况其实是这样的：这个孩子和养父母的亲生孩子一起
生活，他总觉得养父母并不像关爱他们那样爱自己。但这
肯定不是这个男孩动辄发怒的原因，而他又确实想逃离这
个家庭，因此，任何可以帮助他实现愿望的行为对他来说
都是正确的。他的行为完全是为了达到“离开养父母家”
的目的，从这一点来看，这孩子很聪明，我们应该放弃任
何他头脑可能不健全的想法。一段时间之后，这对养父母
才意识到如果无力改变这孩子的行为，他们就不得不将他
转送他人。

如果惩罚了这孩子，那么他会把惩罚作为继续反抗的
153 绝佳理由，且坚定地认为反抗是对的。我们这么说并非凭
空捏造，儿童犯的所有错误只能被理解为他与环境对抗的

结果，是他们毫无准备地面对新环境的结果。这种错误很幼稚，我们也无须大惊小怪，因为成人世界也存在这种幼稚表现。

对手势和非正统表达形式的解释几乎是一个尚未被开发的领域，也许没人能像教师这样得天独厚，可以把儿童的全部表现形式纳入一种图式之中，探讨它们相互之间的联系及其根源。要记住的是，不同场合的同一种表现形式其意义并不相同，也就是说，对两个不同的儿童而言，同一件事的意义并不一样。此外，即使问题儿童的心理触发机制相同，其表现形式却各不相同。简言之，条条大路通“罗马”。

我们不能从常识的角度来判断行为的对错。儿童犯错通常是因为他给自己设立了错误的目标，而对错误目标的追求自然导致了错误的行为结果。人类本质的奇特之处就 154
在于，尽管犯错的可能性不可胜数，但其根源只有一个。

有些在校表现未被重视不代表不重要，例如，儿童的睡姿。有个关于 15 岁男孩的案例，他曾被这样的幻觉所困：当时的君王弗兰西斯·约瑟夫一世死了，他的魂魄出现在这个男孩面前，并命令他组织一支军队向俄罗斯进攻。于是，我们在半夜进入他的房间，想看看他睡觉时什么样，发现他竟以拿破仑作战之姿躺着。第二天我们见到他时，他仍是一副类似睡梦中的军人姿势。他的幻觉和清醒状态之间的联系相当明显，我们和他交谈，试图使他相

信君王还活着。可他不愿相信这一点，还告诉我们说他在
咖啡馆当服务员时，总有人取笑他身材矮小。我们问他是
否有人走路的姿态与他相似，他想了一会儿回答说：“我
155 的老师，麦尔先生。”看来我们的方向是对的，只要把这
个麦尔先生想象为另一个小拿破仑，问题就迎刃而解。更
重要的是，这个男孩说他希望成为一名教师。他最喜爱的
老师就是麦尔先生了，愿意全方位地模仿他。简言之，这
个男孩的全部生活史都凝缩在这个姿势之中。

新环境是对儿童准备工作的一种测试。准备充分的儿童会信心满满地迎接新环境；而他要是没做好准备，在新环境中就会感到紧张，进而产生一种无能感。这种无能感会扭曲儿童的判断，导致其对环境做出不真实的反应。换句话说，这种反应不符合环境的要求，因为儿童并不是基于社会情感做出的反应。因此，儿童在学校的失败不仅仅归咎于学校系统的失能，还因为儿童本身没有做好准备。

之所以要研究新情境，并不是因为它是儿童变坏的原
156 因，而是因为我们知道新环境更为清晰地显现了儿童准备
工作的不充分。每一个新环境都可以被当作对儿童准备工
作的测试场。

结合上述情况，这里再对问卷中的问题作些讨论（见附录一）。

1. 问题从什么时候开始的？我们的关注点是新环境，

如果一个母亲说她的孩子入学前一直好好的，那么，她告诉我们的比她实际理解的要多得多：孩子在学校承受了太多。如果这个母亲说“已经三年了”，那这个回答还不够充分，我们必须知道三年前孩子的周围环境或身体状况发生了什么变化。

儿童丧失自信的第一个迹象通常是他不能适应学校生活。这种最初遭受的失败有时并没有引起足够的重视，可对他们来说也许就是个灾难。我们必须要了解儿童是否经常因为分数低而受到责罚，以及这种分数或责罚会对他追求优越感产生什么影响。儿童或许早已笃定自己一事无
成，若他父母还经常说“你将来不会有出息的”或“你会 157
在监狱里度过一生”这种话，他们则更加觉得自己一文不值。

有些孩子会因失败而奋发图强；有些孩子则会一蹶不振。我们一定要鼓励那些对自己丧失信心、对未来丧失信念的孩子，温柔、耐心且宽容地对待他们。

简单粗暴地向儿童解释性/性别方面的问题，会使他们陷入困惑，兄弟姐妹的优异表现也会妨碍儿童的进一步努力和奋斗。

2. 之前有明显的迹象吗？也就是说，儿童缺乏准备在环境改变之前有迹可循吗？对于这个问题有各种各样的回答：“这孩子不爱整洁”，意味着母亲经常为他整理好一切；“他胆儿小”，表明他极度依恋家庭。如果说一个孩子孱弱，

我们可以推测他生来有器官问题，或由于虚弱而被过分宠爱，或由于长相丑陋而被忽视，还有可能是弱智。这孩子也许因为身体发展缓慢而被怀疑心智不健全，即使后来情
158 况好转，他仍然有一种被宠爱和被限制的感觉，而这会让他更难应付新环境。如果这个孩子怯懦且粗心，那么我们可以肯定，他是要确保别人对自己的关注度。

教师的第一要务是取得儿童的信任，而后培养他的勇气。如果有儿童举止笨拙，教师就必须了解他是否为左撇子；而要是他过于笨拙，那就得弄清楚他是否完全理解自己的性别角色。那些在女性环境中成长起来的、不跟其他男孩玩的、被嘲笑和捉弄并经常被当作女孩子对待的男孩，他们会习惯将自己认同为女性角色，而之后会历经相当激烈的内心冲突。忽视男性和女性躯体上的差异，会使得儿童相信性别是可以改变的。但他们最终发现自己的身体构造是不可改变的，因而会通过发展自己希望属于某一性别的心理特质（男子气或女子气）来加以补偿。这种心理倾向会反映在他们的着装和仪态上。

有些女孩厌恶女性职业，主要原因就在于她们认为这
159 些工作没有价值，这确实也体现了我们文明的根本失败。那种男人才能拥有特权的传统仍然存在，但女性的权利是被剥夺了的，并非不配拥有。我们的文明明显倾向于男性，赋予他们自以为本该有的某些权利。男孩的出生通常也比女孩更受欢迎，这不应该但的确对男孩和女孩都

产生了不好的影响。女孩很快就受到自卑感的刺痛，而男孩则背负着过多的期望。女孩的发展也跟着受到了限制，有些国家——比如美国——对女孩的限制没那么明显，但在社会关系方面，即使是美国，男女也没有达到平衡和平等。

我们这里关注的是映射在儿童身上的人类整体心理模式。接受女性角色需要承受一些艰难困苦，因而也会不时地招致反抗。这种反抗经常表现为不服管束、固执和懒散，所有这一切都和追求优越感不无关系。要是有女孩出现这些症状，教师得弄清楚她是否对自己的性别不满意。

这种对自身性别的不满还会延伸至其他领域，于是，
生活通常就变成一种负担。有时我们会听到孩子说希望去 160
一个没有性别之分的星球生活，若是任由这种错误想法发展，则会引起各种荒诞之事，或者极度的冷漠、犯罪，甚至自杀。但惩罚和漠然只能加重儿童内心的匮乏感（即对所属性别抱有不满）。

要是能以润物细无声的方式让孩子了解到男女之间的差异，并认可男女具有同等价值，就可避免这种不幸状况的发生。一般而言，父亲是家里享有优势地位的人：持有财产，制订规则，指挥，向妻子解释规则并最后拍板。哥哥弟弟也试图向姐姐妹妹显示自己的优秀，并通过批评和嘲讽来使她们对自己的性别滋生不满。心理学家认识到，

男孩子的这种行为源于他们本身的一种虚弱感，能做什么和似乎能做什么之间那真是千差万别。关于女人时至今日没能取得丰功伟绩的论述是毫无价值的，因为她们从始至终也没被教育去做伟大的事情。男人总是把要补的袜子甩到女人手上，还试图让她们坚信这才是女人该干的
161 活。虽然这种情况已经发生了部分改变，但是直到今天，我们养育女孩的方式依旧未曾体现出对她们有非比寻常的期待。

我们阻碍女孩做好准备，却反过来批评她们不如男性优秀，这实在过于目光短浅。要改变现状并不容易，因为不仅仅是父亲，就连母亲也把男性优越视为理所当然，还据此来教育自己的孩子。她们教育自己的孩子说，男性权威是正确的，男孩可以要求女孩顺从，而女孩应当乖乖听话。儿童应该尽可能早地知道自己的所属性别，也要尽早知道性别是不可改变的。正如我们前面所说，有些女性会形成憎恨男性权威和优越的观念，如果这种憎恨过于强烈，她们就会拒绝接受自己的性别并尽力模仿男性。个体心理学称之为“对男性的抗议”（masculine protest）。第二性征症状如身体畸形或发育不全，经常使得成人根据解剖学上的男女体质特征来怀疑自己的性别（女孩身上出现男子气特质，男孩身上出现女子气特质）。这种怀疑有时是
162 根深蒂固的，并与体质上的虚弱有关。那种稚气未脱的身体构造在男性身上比女性身上更明显，因此很容易引起男

性具有女性特征的言论。但这种看法并不正确，因为这个男人只是更像一个小男孩而已。身体发育不全的男人常常会感到一种痛苦的自卑，因为我们的文明普遍认为高大威猛且拥有超越女性的伟大成就的男人才够理想；而女孩要是发育不全或不够美丽，她们也同样会对生活产生厌恶，因为我们的文明过于看重女性的容貌。

性情、脾气和情感是人的第三性征。敏感的男孩被认为像女孩子；而从容、自信的女孩则被描述为具有阳刚之气。这些特质绝不是天生的，它们从来都是习得的，且童年早期出现的这些特征会一直留在记忆深处，因为据那些成年人所说，自己小时候就比较另类，举止像个女孩（或像个男孩）。因此，这些孩子是根据各自对性别角色的理解而逐渐成长起来的。问卷的下一个问题：性发育和性经验发展到什么程度？也就是说在某一年龄段应该对性有一
定的理解。我敢说，至少90％的儿童在父母和教育者打算 163
告诉他们性知识之前早就对此有所了解了。什么时候向孩子解释性知识，并没有硬性规定和速成方式，因为我们无法预知儿童能接受多少，相信多少，以及这会对他产生什么影响。一旦孩子开口问了，我们需要在认真考虑孩子的实际情况之后，再予以解释。我们不提倡过早地向孩子作这方面的解释，尽管并不一定会产生负面影响。

问卷中关于养子或继子的问题比较棘手。此类孩子通常会把对他好视为理所当然，而把一切严苛归咎于自己在

家庭中的独特地位。失去母亲的孩子有可能会紧紧依恋自己的父亲。而要是父亲再婚，这个孩子就感到自己被抛弃，并拒绝给继母好脸色。有趣的是，有些儿童会把自己的亲生父母视为继父继母，这必然存在对亲生父母的尖刻批判和埋怨。许多童话故事把继父继母塑造成歹毒之人，这就导致现实中的继父继母也背负着不好的名声。顺便提
164 一句，童话故事可不是儿童的最佳读物。当然，不可能完全禁止童话故事，毕竟儿童也能从中学到很多关于人性的知识。不过，应该在故事最后附上正确释义和评述，并禁止儿童阅读那些含有残忍描述和扭曲幻想的童话故事。那些强者做出残忍行为的童话故事有时被用来磨砺儿童的坚韧，却丑化温柔情感，这又是一个源自英雄崇拜的错误观念。男孩子会认为表露同情非常没有男子汉气概。令人难以理解的是，为什么温柔似水会遭受嘲弄，因为如果不被误用和滥用，它毫无疑问是有价值的。当然，任何一种情感都可能被误用。

私生子的处境尤为艰难。让女人和孩子承受这种不合法性的代价，而男人却逍遥法外的做法实在太不公道。孩子才是其中最大的牺牲者，不管人们多么想帮助这类孩子，都不可能消弭他们的痛苦，因为常识很快就会告诉他们：这是不合规矩的。私生子会受到同伴的嘲笑，国家法律同样使他们的生存变得艰难，给他们烙上私生子的印
165 迹。他们变得敏感，容易与人争吵，并对世界充满敌意，

因为无论哪种语言，都有一些丑陋的、侮辱性和鄙夷的字眼来称呼他们。这就不难理解，为什么问题儿童和罪犯之中有那么多是孤儿和私生子。孤儿和私生子的反社会倾向不是天生和遗传的，而是环境影响的结果。

166 # 第十章

在学校的儿童

当一个孩子开始上学时，正如上一章所说，他会发现自己进入了一个完全不一样的环境。正如所有其他的新环境一样，去上学也是对儿童先前准备工作的一种测试。如果他准备得好，就会顺利通过这种测试；反之，准备不足就会暴露无遗。

我们不太会记录儿童上幼儿园和小学时的心理准备情况，但要是有的话，将非常有助于我们理解他们成年以后的行为。这种“新环境的测试”必然比常规的在校成绩更能揭示出这些孩子的真实情况。

那么入学有什么要求呢？儿童需要和教师还有同学合
167 作，还要对学习科目产生兴趣。通过孩子对学校这个新环境的反应，我们可以判断出他们的协作能力以及兴趣范围，了解他对哪些科目感兴趣、是否对别人说的话感兴趣、是否对所有一切都感兴趣。要确定这些方面的情况，我们可以研究儿童的态度、举止、表情和倾听别人说话的方式，观察他们是以友好的方式接近老师还是离老师远远地，等等。

这些细节如何影响人的心理发展？我们仍以某位男性的案例展开说明，因在职业上遇到诸多问题，该男子找到心理学家寻求治疗。心理学家从他对童年的回顾中发现，他是家里唯一的男丁，出生后不久父母就去世了。等到了上学的年龄，他不知道是该去女子学校还是男子学校，后经他的姊妹劝说，便去了女校，自然很快就被学校辞退。我们可以想象这件事对他的心理留下了多大的阴影。

学生是否专注于学业在很大程度上取决于他对授课教
师的兴趣。教师教学艺术的一部分就是让学生在课上保持 168
全神贯注，对他们什么时候溜号了或无法集中注意力及时察觉。那些被宠坏的孩子通常都没法集中注意力，他们一下子看到那么多陌生人，都被吓坏了。要是老师恰又比较严厉，这些孩子就会表现出记忆力全无的样子。不过，这种记忆力欠缺并不是我们通常所理解的那样，那些被教师批评为没记性的学生，却能对学业之外的事情过目不忘。他只有在类似家里被溺爱着的情境中，才能够精神专注。他们的全部精力都集中在被宠爱的渴望上，而不是学业。

对于这些难以适应学校生活的儿童，如果成绩差、考试不及格，批评或责备他们是没有用的。不仅不会改变他们的生活风格，反而会让他们更加坚信自己不适合上学，并产生悲观消极的态度。

值得注意的是，这种被宠坏的孩子一旦获得教师宠
169 爱，通常都会成为好学生。当自身有很大优势时，他们当然会努力学习，不幸的是，我们不能保证他们在学校能一直受到宠爱。如果他们转学或换老师了，或他们在某一学科（算术对被溺爱的孩子来说是永远的痛）没能取得进步，他们就可能突然裹足不前。之所以这样，是因为他们已经习惯了别人把一切都安排好，好让自己轻轻松松地面对。他们从未被训练去拼尽全力，自然也就不知道该怎么努力。在前进的路上，他们没有耐心去克服困难并做出有意识的努力。

接下来我们将看到什么才是良好的入学准备。在儿童入学准备不佳方面，我们总能看到母亲的影响。母亲是第一个唤醒孩子兴趣的人，并在引导孩子把兴趣转入健康的轨道上起着关键作用。如果母亲没有尽到责任（事实也经常如此），其后果就会明显地体现在孩子的在校表现上。除了母亲的影响外，还有其他复杂的家庭影响因素，比如父亲的影响、孩子间的竞争等，这在其他章节已经分析过
170 了。此外，也有一些外在因素，如不良的社会环境和偏见，在接下来的章节中我们将详细展开。

总之，这些因素都会对儿童的入学准备产生不良影响，因此，仅仅根据学习成绩来评价他们是一种愚蠢的做法。我们倒是应该把成绩报告单视为儿童当前心理状况的指示灯，其反映的不是他们所获得的分数，而是智力、兴

趣和专注力等。学校考试与诸如智力测试等科学测试尽管在结构和形式方面存在差异，其实质并无不同。这两种测试的重点都应该放在揭示儿童的心理，而不是观察下来的事实数量。

近年来，那些所谓的智力测试获得了长足发展。教师也很看重这种测试，有时也的确有价值，能揭示出普通测试发现不了的问题。这种测试曾一度是儿童的救星，如果一个小孩学习成绩很差，老师想让他降级，而一经测试却
突然发现这孩子智商很高。于是，这个孩子非但没有降 171
级，反而还跳级了。他感觉自己很不一般，自此行为也大为改变。

我们并不想贬低智力测试和智商的功能，而是强调测试后不应该让儿童及其父母知晓测出来的智商有多高。因为他们并不理解智力测试的真正价值，却把测试结果当成对孩子最终且最完整的评定，能揭示出儿童的命运，从此这个孩子的发展就被结果所限制。实际上，把智力测试结果视作绝对定论的做法，很容易招致批评。在智力测试中获得高分并不能保证未来一定成功，那些长大后获得成功的人反而在智力测试中得分很低。

按照个体心理学家的经验，如果儿童在智力测试上得分太低，我们可以找到正确的方法来帮助他提高分数。办法之一就是让他不断做某一特定类型的智力测试，直到发现其中的窍门并做好应对的准备。儿童可以通过这种方式

获得进步，积累经验，并在之后的测试中取得更高的分数。

172 还有一个重要的问题是，学校日常运转如何影响儿童，以及他们又是否承受着沉重的课业负担。我们绝无贬低学校课程之意，也不认为要削减所授科目的数量。重要的是，这些科目之间要连贯统一，这样儿童才能理解这些学科的目的和实际价值，也不会把它们看作纯粹的抽象概念和理论。目前来看，对于是应该教给儿童知识和真理，还是注重发展他们的人格，这一问题仍颇受争议。个体心理学认为两者可以兼顾。

正如我们所说，学科教学应该兼具趣味性和实践性。数学（算术和几何）的教学应该与建筑的风格、结构以及居住其中的人等联系起来。有些科目还可以合在一起教，有些更为先进的学校会聘请那些懂得把不同科目串联起来教学的专家，他们和儿童散会儿步的功夫就能发现孩子对哪些科目更有兴趣。这些专家力图把某些学习科目结合起
173 来教学，例如，把对植物的识别和这一植物的历史、所生长国家的气候等结合起来。这种方式不仅激发了那些对这一主题无感的学生的兴趣，而且还教会他们以融会贯通的方法处理事情，这也是所有教育的最终目的。

教育者不能忽视的另一个情况是，在学校读书的孩子都觉得自己处于一种竞争之中。理解这一点很重要。理想的班级应该是一个整体，每个孩子都感到自己是这个整体的一部分。教师应该注意把竞争和个人的熊心限制在一定

的限度之内。有的儿童见不得别人遥遥领先，他们要么不遗余力地超越，要么再次陷入失望，并带着主观的情绪看待事物。这也是为什么教师的建议和指导显得如此重要：他们一句恰当的话就会把专注竞争的学生引向合作的轨道。

在此情况下，制定合理的班级自治计划是很有帮助
的。不必非得等到学生完全准备好了自治才去制定这类计
划。我们可以先让孩子观察班里的情况，或提提建议。如 174
果不做好相应准备就直接给予他们完全的自治权，那我们
就会发现，儿童在惩戒上可比教师严厉多了，甚至还会运
用自己的“政治特权”来为自己谋得私利，显摆优越感。

至于儿童在学校所取得的进步，我们既要考虑教师的意见，也要考虑孩子本身的意见。很有意思的是，儿童在这方面的判断非常准确。他们知道谁拼写最好，谁绘画最好，谁运动最好，他们能很好地给彼此排序。有时他们对别人也未必那么公正，但基本能意识到这点，并尽力做到公正。在评价方面最大的问题就是学生的妄自菲薄，他们会认为“自己永远赶不上别人”。这并不准确，他们其实可以。因此，教师必须帮他们指出自我评判中的错误之处，否则这将成为儿童持续终生的固定观念。一个拥有这种自我观的儿童永远无法取得进步，而只会故步自封。

绝大多数儿童的学习成绩基本维持在同一水准：要么 175
最好，要么最差，要么居于平均，变化不大。这种状态并

不与智力发展水平挂钩，而是反映了儿童的惰性心理。它说明儿童被自己限制住了，经过若干挫折后不再抱乐观态度。但重要的是，成绩的相对位置会不时出现变化，它表明儿童的智力发展水平并非一成不变。儿童也应该认识到这一点，并学会实际运用这一事实。

教师和儿童都要摒弃这样的迷信观念，即把智力正常的儿童所取得的成绩归因于遗传。相信能力是遗传的，也许是儿童教育中最大的谬误。当个体心理学率先指出这一点时，人们却认为这不过是我们的一种乐观猜想，毫无科学依据。然而，现在越来越多的心理学家和精病学家开始接受我们的观点。能力遗传说太容易被父母、教师和孩子
176 当作替罪羊，每当需要努力才能解决困难时，他们就搬出遗传原因来推卸责任。但是，我们没有权利逃避责任，并且对于任何可以让我们推脱责任的观点，都应该一直持有怀疑的态度。

一个相信自己工作的教育价值、相信教育可以锤炼性格的教育工作者，不可能全盘认可能力遗传说。这里我们并不关注身体上的遗传，因为器官缺陷——甚至器官性能的强弱——确实可以遗传。不过，将器官功能和人的心理（mind）机能连接起来的桥梁在哪里？个体心理学坚持认为，心灵也在体验且不得不顾及器官所具备的能力。有时候顾及得太多，会因为器官的缺陷而受到惊吓，以至于器官缺陷消除之后，恐惧却还会持续很久。

人们总喜欢探本穷源，寻求某一现象发展的萌芽之地。不过，这种倾向在我们评价一个人的成就时非常具有误导性。这种思维方式常见的错误就是忽略了祖辈的多样性，忽视了在构建家族谱系时，每一代都有父母两方分 177
支。倘若上溯至第五代，那就会有64位先祖，我们必能在其中找到一个聪慧之人，然后将个体的才智归因于此。而要是上溯到第十代，那么就会有4 096位先祖，毫无疑问，我们会在这批祖先中找到一位非常能干的人，甚至不止一位。我们也不要忘记，能力最出众的祖先留给家族的家风家规对儿童发展的影响类似于遗传的功效。由此，我们可以理解为什么有些家族比其他家族更加人才辈出。显然，这并不是遗传的作用，而是因为坚守着家族传承。只要我们回顾一下过去欧洲子承父业的情况就可以明白这个道理，如果我们忽略了这一社会制度的作用，那么，有关遗传作用的统计数据自然会显得非常具有说服力。

除了能力遗传的错误观念之外，儿童发展的另一个最大障碍即为对他们成绩不佳的惩罚。如果一个孩子的成绩不好，他就会发现教师并不怎么喜欢自己。他在学校为此苦恼，而回到家里又会遭受父母的责备、批评，甚至还经 178
常打骂他。

教师应该时刻清楚一份糟糕的成绩单会带来什么后果。有些教师认为，如果学生不得不把欠佳的成绩单给父母过目，这会激励他们加倍努力。但是这些教师没考虑到家庭氛围的差异化。有些儿童是在极为严格的家庭教育中成长起来的，这种家庭的孩子会对是否把不好的成绩单带回家而犹豫再三。结果就是他可能根本不敢回家；有时还会因为害怕受到父母的责备而陷入深深的绝望，甚至自杀。

教师不用对学校制度负责，但若他们能用自己的同情和理解来中和学校制度客观却严苛的一面，那自然是极好的。教师可以对那些具有特殊家庭环境的孩子宽和一点，这种温和的态度会鼓励到他们，而不致使其走上绝路。一个成绩总是上不去、被别人不停地说自己是全校最差学生的儿童，久而久之自己也会这么认为，感到心情沉重和压
179 抑。设身处地想一下，我们就很容易理解为什么他不喜欢学校。这也是人之常情，任何儿童要是一直受到批评，成绩也不好，还丧失了赶上他人的信心，那么他自然不会喜欢学校，并设法逃离。所以说，遇到这类孩子不愿去学校，我们也不必心烦意乱。

虽然我们对这种事没必要那么警觉，但还是应该认识到其中的重要意义。这其实是一个糟糕的开始，尤其是当这种情况发生在青春期的孩子身上时。为了不让自己受到责罚，他们会使出涂改成绩单、逃学旷课等一系列办法，由此便会和同类学生混在一起，形成帮派，最终走上犯罪道路。

如果我们接受个体心理学的观点，认可没有不可救药的孩子，那么这一切就都可以避免。我们必须要抱着总有

一种方法能帮助这类孩子的想法。即使情况再糟糕，也总会有解决之道，关键是我们要去寻找。

学生留级的坏处几乎不说自明。教师一般都会觉得留 180
级生对学校和家庭而言都是麻烦。虽然情况并不完全如此，但例外的情况确实少之甚少。大部分留级生都不止一次地重读，他们总是落于人后，但他们的问题却一直被回避，而从未被解决。

在什么情况下才让儿童留级，这是一个难题，但有很多教师成功地避免了这个问题。教师会利用假期来辅导儿童，找出他们生活风格中的错误并加以矫正，从而使得这些孩子顺利升学。如果学校有这种专门的辅导老师，那么这种方法可以被推广实践。我们有社会工作者、家庭教师，但没有这种辅导教师。

德国没有家教这种传统，我们似乎也不需要这种教师。公立学校的教师拥有最得天独厚的视角来了解儿童，如果懂得如何正确观察，他就会比其他人更了解儿童的实际情况。有人会说因为班级人数太多，任课教师不可能了解到每一个学生。不过，如果教师留心儿童入学时的情况，那么就会很快看出来他们的生活风格，也可以避免之
后再观察的困难。纵使班级人数再多，这也能做得到。显 181
然，我们了解这些孩子要比不了解能更好地教育他们。班级人数过多当然不好，也理应避免，但这并不是一个不可逾越的障碍。

从心理学的角度出发，最好不要每年都换教师，或像有些学校那样隔半年就更换教师。教师最好能跟班，随学生一起进入新的年级。如果教师能教同一批学生三五年，这会大有裨益。这样一来，教师就有机会进一步了解所有孩子，就能知道每个人生活风格中的不当之处，并予以指正。

有些儿童会跳级，跳级是否有益尚有争论，因为这些学生往往不能达到自己由于跳级而被激起的过高期望。那些在班里年龄相对较大，或者曾经在班里垫底后来又通过努力一步步提升的孩子，可以考虑让他们跳级，但不该是
182 因为学生成绩好或懂得比别人多而把跳级作为奖赏。如果一个成绩出色的儿童把部分时间投入课外学习，如绘画、音乐等，这不仅对他自己有好处，对整个班级来说也有推动作用，可以激励到别的同学。把班里的好学生抽走并非好事。总有人说要促进优秀学生的进一步发展，我们才不相信呢！相反，我们认为正是成绩优异的学生带动了整个班级前进，并赋予班级进步更大的动力。

探讨一下快班和慢班学生的发展情况也很有意思。你会惊奇地发现，快班中有些学生反应迟钝，而慢班学生也并非像多数人认为的那样智力低下，他们只是家里穷而已。贫困家庭的孩子一般会被冠以不如人的名声，原因正是他们对学校缺乏准备。这很容易理解，他们的父母过于操劳和忙碌，没有时间关注自己的孩子，或者父母所受的教育使他们不足以胜任这样的任务。这些对学校缺乏准备

的儿童不应该被编入慢班。对孩子来说，待在慢班是一种 183
耻辱，还总会被同伴嘲讽。

照顾这类儿童更好的办法就是发挥辅导教师的作用，之前就提到过了。此外，我们还应该有小小俱乐部，儿童可以在这里获得额外的辅导，或是做家庭作业、玩游戏、阅读，等等。这种方式可以使成绩不好的学生得到锻炼，收获勇气，而不像在慢班那样，体会到的只是灰心丧气。如果再给俱乐部配以更多的游乐场地，那么这些孩子就完全不会在街道上游荡，也就远离了不良环境的影响。

男女同校的问题也经常在教育实践的争论中出现。有人指出，原则上应该促进男女同校制度的发展，这是促进男女生更好地了解彼此的一种好方法。不过，认为男女同校制度可以任其发展的观点则大错特错。男女同校会涉及一些特殊问题，需要加以考虑，否则，其缺点会盖过优点。例如，人们通常会忽视这么一个事实：女孩子在 16 岁
之前要比男孩子发育成长得更快。如果男孩没有认识到这 184
一点，只看到女孩比他们发展快的话，心理往往会不平衡，并和女孩进行一场毫无意义的竞赛。学校的管理者和任课教师都必须考虑到诸如此类的现实情况。

如果教师认可男女同校且能够理解涉及的问题，那么男女同校制度就可以获得成功。而要是教师不喜欢男女同校，则会感到这是一种负担，由此他们的教育教学就会走向失败。

如果男女同校的制度管理不善，儿童没有得到正确的引导和管教，那必然会产生性方面的问题。我们将在下一章详细讨论学校的性教育问题，这里简单指出性教育问题极为复杂。事实上，学校并不是性教育的合适场所，因为当教师面对的是整个班级时，他不知道学生会怎么理解自己的话。当然，如果学生私下询问性方面的问题，则又另当别论。如果有女孩询问这方面的情况，教师应该给予正确回答。

在讨论教育管理层面的问题之后，让我们回到本章问
185 题的核心。通过了解儿童的兴趣并发现他们所擅长的科目，我们总可以找到教育他们的方法。一事顺则事事顺，教育是这样，人生的其他方面又何尝不是如此。这也就是说，如果一个孩子对某一学科感兴趣，并取得了成功，那么这会激励他去尝试学好其他的科目。此时，教师的重要性就体现在将学生的成功作为他获得更多知识的垫脚石，单靠学生自己可不行，就像我们所有人从无知迈向有知时必将经历的那样，并不知道怎么做才能一步步提升自己。但教师能在这方面给予学生帮助，若是做了，他就会发现学生不仅理解了，还愿意积极配合。

上面关于儿童感兴趣科目的讨论，同样也适用于儿童的感觉器官。我们必须找出他们最常使用的感觉器官，最偏向哪种感觉类型。许多儿童在视觉上受过良好的训练，有些则是听觉较好，还有些是运动。近些年兴起一种所谓

的手工学校，奉行的宗旨是把科目教学和眼耳手的训练结合在一起。这些学校的成功表明了利用儿童感官兴趣的重 186
要性。

如果教师发现有儿童是视觉型的，他就应该使所教科目的内容便于用眼睛来理解，例如地理，因为对这孩子来说看的效果要比听的效果好。这只是教师观察儿童所应具备的视角之一，教师还可以通过观察获得其他诸如此类的认识。

总之，理想的教师负有神圣的、激动人心的使命，他铸造着儿童的心灵，人类的未来也掌握在他的手中。

可是，我们如何从理想过渡到现实呢？仅仅建构理想的教育是不够的，我们必须找到一种方法来推进理想的实现。很久以前，本书作者就在维也纳开始寻找这样的方法。所得的结果就是在学校里建立教育咨询诊所*。

诊所的目的就是用现代心理学知识来服务教育系统。 187
诊所会定期举办咨询活动，一位懂得心理学、了解教师和父母生活情况的杰出心理学家也会加入进来。当天，教师们聚集在一起，每人都带着自己遇到的一些问题儿童的案例，有懒惰的、扰乱课堂纪律的、小偷小摸的，等等。由教师描述具体案例，然后心理学家根据自身的经验和知识

---

* 见"Guiding the Child", by Alfred Adler and Associates, Greenberg: Publisher, New York。该书详细介绍了这些诊所的历史、技术和成果。

予以点拨，接着讨论就开始了。包括问题的原因是什么？问题是什么时候出现的？应该怎么做？这个儿童的家庭生活和整个心理发展史也需要加以分析。最后把所有信息汇总，从中得出针对这一特定案例的具体做法。

下一次咨询活动需要儿童本人和母亲都参与进来。在确定与母亲交流的具体方式以后，先把母亲叫进来。母亲在听完对自己孩子遭遇挫折的原因的解释后，再由她讲述
188 自己所了解到的情况，然后由心理学家和她讨论。一般来说，母亲看到别人对自己孩子的案例感兴趣应该很高兴，并乐于合作。但要是这位母亲不够友好、充满敌意的话，那教师或心理学家还可以谈论一些类似的案例或其他母亲的情况，直到她的抵触情绪被化解为止。

最后，在商定帮助孩子的方法之后，儿童便走进咨询室。他见到了教师和心理学家，心理学家和他聊天，但绝口不提他的错误。心理学家就像在讲课一样，以一种孩子能理解的方式客观地分析问题、原因以及导致他受挫的观念和想法。这种方式帮助儿童理解了为什么他感到只有自己受挫而其他孩子则被偏爱，以及为什么他对成功不抱希望，等等。

这种咨询方法持续了将近 15 年，受此训练的教师非常满意，都不想放弃这份干了好几年的工作。

至于儿童，他们在这种活动中得到双重收益：原来的问题儿童恢复了心理健康，还学会了与人合作，获得了勇

气。那些没有走进咨询室的学生也获益匪浅。当班级出现 189
潜在问题时，教师会提议大家对此展开讨论。当然，教师是指导者，但参与讨论的儿童都有充分的机会各抒己见。他们开始分析问题出现的原因，比如懒惰，最后得出结论，虽然懒惰的孩子并不知道他就是被讨论的话题，但仍会从众人的讨论中获益良多。

这个总结显示了把心理学和教育结合在一起的可能性。心理学和教育是同一现实和同一问题的两个阶段。要指导心灵，就需要了解心灵的运作。只有了解心灵及其运作的人才能运用他的知识指导心灵达到更高、更普遍的目标。

190

第十一章

外界的影响

个体心理学在心理和教育方面的广阔视野使其不会忽视外在环境的影响。旧式的内省心理学太过狭隘，为了研究它所遗漏的事实，冯特认为有必要创建一种新的学科——社会心理学。但是，个体心理学认为没有这个必要，因为个体心理学本就同时关注个体和社会。它并不只专注个体心理，而不考虑影响心理的环境因素；也不只专注环境因素，而排斥个体心理的重要性。

任何负有教育职责的人或教师都不该认为自己是儿童
唯一的教育者。外界影响的浪潮也会涌入儿童的心灵，直
接或间接地塑造着他们。间接的意思是指外界因素会通过
影响父母并改变其心理状态，进而把这种影响传递给儿
191 童。外在影响是不可避免的，因而必须加以考虑。

所有的教育者首先要考虑的是经济因素的影响。例如，我们必须记住，有些家庭世代经济窘迫，艰苦而悲伤地挣扎着生活。他们被这种苦楚深深地包围着，以至于不

可能教给孩子一种健康与合作的人生态度。他们饱受心灵的压抑，总是为经济恐慌所困，因而不可能有合作的心态。

另一方面，我们也不要忘记，长期处于半饥饿或糟糕的经济环境对父母和儿童的生理都会产生不利影响，而且这种影响反过来又会作用于心理。从第一次世界大战后出生于欧洲的儿童身上就可以看出这一点，这些孩子的成长环境要比上一代人更为艰难。除了经济环境及其对儿童成长的影响外，我们也不要忘记父母对生理卫生的忽视带来的影响。这种忽视与父母胆怯又娇惯的态度息息相关。父 192
母溺爱孩子，担心他们受一丁点苦，但有时又比较粗心。例如，他们会认为脊柱弯曲会随年龄的增长而消失，于是没有及时带孩子去看医生。这当然是不对的，尤其是某些城市的医疗服务设施还很完备。糟糕的身体状况如果得不到及时治疗，很可能就发展成危险的重大疾病，并留下心理创伤。所有疾病都会成为心理层面的“危险暗礁”，因而要尽可能地避免生病。

如果“危险的暗礁”未能避免的话，还可以通过发展儿童的勇气和社会情感来降低它的危险性。事实上，只有在儿童不具备社会意识的情况下，疾病才会影响到心理。与被溺爱的孩子相比，一个感到自己是环境一分子的儿童，疾病对其心理不会产生那么强烈的影响。

纵观记载的病例发现，百日咳、脑炎和舞蹈病之后，儿童的心理往往开始出现问题。人们以为是疾病造成这些

193 心理问题，但事实是，疾病只是诱发了儿童潜在的性格缺陷。患病期间，孩子感受到了自己的力量，发现自己可以控制家人。他看到了父母脸上的担忧和焦虑，知道那完全是因自己而起。病愈之后，他想继续成为被关注的中心，并以各种要求或突发其想来摆布父母以达到目的。这当然只发生在那些缺乏社会情感训练的儿童身上，他们需要一个场合来显示他们的自我追求。

然而，有意思的是，疾病有时也可以改善儿童的性格。这里有个关于教师次子的案例。这位教师一度很为这个孩子担忧，却又拿他没办法。这孩子离家出走了好几回，是班里成绩最差的。一天，这位父亲正要带他去管教所改造，发现这孩子得了髋关节结核。这是一个需要父母长时间悉心照料的疾病，而痊愈之后，他却变成了家里最乖的孩子。这孩子要的就是父母的额外关注，而生病正好
194 给了他这个机会。他以前之所以不听话，就是因为总感到自己生活在优秀哥哥的阴影之下，既然他无法像哥哥那样得到家人的喜欢，干脆就不断地抗争、调皮。可是，这场病让他开始相信，自己也可以像哥哥那样得到父母的喜爱，因此，他就学会了用良好表现来获得父母的关注。

还要注意一点，疾病经常会给儿童留下难以磨灭的印象，他们常常震惊于重大疾病和死亡等事件。疾病留给心灵的印记会在以后的生活中显现出来，比方说，我们会发现有些人只对疾病和死亡感兴趣。其中一部分人会找到正

确之道，来发挥自己对疾病的兴趣，如成为医生或护士；但也有很多人一直担惊受怕，疾病的阴影在他们投身有益工作的过程中挥之不去。一项对100多名女孩生活传记的调查表明，将近一半的人承认她们一生中最大的恐惧就是想到疾病和死亡。

因此，父母要注意避免让儿童过多受到生病的影响。 195
他们应该让孩子对此类事情有所准备，以免受到突如其来的打击，要让孩子明白，纵然生命有限，却足够值得。

儿童生活中的另一个“暗礁”是与陌生人、家里熟人或朋友的接触。这些人对儿童的不良影响在于他们实际上并不是真正对儿童本身感兴趣。他们喜欢逗孩子开心，或在最短时间内做些可以给孩子留下印象的事情。他们对儿童的高度赞扬会使后者变得自大。这些人在与儿童的短暂相处中，会尽力宠爱和纵容他们，进而给父母的正常教育带来麻烦。所有这些都应该避免，任何陌生人都不该干扰父母的教育方法。

再强调一点，陌生人通常还会弄错孩子的性别，称男孩是“漂亮的小女孩”，或女孩为“好看的小男孩”。这也得避免，理由会在“青春期”那一章来讨论。

家庭环境对儿童的成长自然也非常重要，因为他们可
以从中看到家庭对社会生活的参与程度。换句话说，家庭 196
环境给予儿童关于合作的最初印象。那些成长于不和人交往的家庭的孩子，通常会在家人和外人之间划上明显的界

限。他们感到家庭和外部世界仿佛被一条鸿沟割裂开来，也自然会用充满敌意的眼光来看待外部世界。这种家庭不会增进社会关系，还会把孩子培养得疑心重重，只从自己利益出发来看待外部世界，进而阻碍了儿童社会情感的发展。

儿童到了 3 岁就应该鼓励他们和其他小朋友一起做游戏，并训练他们不害怕陌生人在场。否则，这些孩子以后与人交往时会脸红、胆怯，并对他人怀有敌意。这通常发生在被宠坏的儿童身上，这些孩子总想把他人“排斥”在外。

父母若能早点注意到并矫正儿童的这些毛病，肯定会给他们以后的生活免去很多麻烦。如果一个孩子在三四岁之前受到良好的养育，比如被鼓励和其他孩子一起做游
197 戏，培养了集体精神，那么他不仅不会在与人交往时脸红、以自我为中心，也不会患上神经症或精神错乱。只有那些生活封闭、对他人不感兴趣、无法与人合作的人，才会患上神经症和精神错乱。

说到家庭环境，我们还应该提到家庭经济条件的变化对儿童的不利影响。如果原本很富有的家庭突然家道中落了，特别是在孩子年纪尚小之时出现了这种变故，会给孩子的成长带来明显的负面影响。这种变故对被宠坏的孩子来说尤为艰难，因为他还没准备好生活在这样一个无法得到昔日关注的处境中，因而不免总是怀念以往的优越生

活，感叹终是失去了所有。

家庭暴富也不利于儿童的成长。这样的父母还没准备好合理使用财富，极有可能在财物上对孩子犯错。因为他们觉得现在不需要对钱财吝啬了，便想给孩子优渥的生活，宠着惯着他们。结果就是，我们经常会在新富之家发现问题孩子，新富父亲的儿子往往就是其中的典型代表。 198

如果能恰当地训练儿童的合作精神，那上述诸如此类的问题甚至大麻烦都可以避免。所有这些情况犹如一个个敞开的大门，儿童借以逃避必要的合作精神的训练，对此我们尤其要严格留意。

不仅外在的物质环境——如贫穷和暴富——会对儿童产生影响，异常的心理环境也会成为他们成长的障碍。我们首先想到的就是偏见。这些偏见的产生大多源于家庭成员的不良行为，例如，父亲或母亲做了丢人现眼的事情。这给儿童的心理带来了极大影响，他会由此对未来产生害怕和恐惧，总想躲着小伙伴，担心被人发现是这种父母的孩子。

为人父母，不仅有责任教育孩子阅读、书写和做算术，还要为他们的健康发展创造一个积极的心理基础，这 199
样儿童就不用比其他孩子承受更大的困难。因此，如果父亲是个酒鬼或脾气暴烈，他就应该意识到这会影响到自己的孩子。如果父母婚姻不幸福，争吵不断，为此付出代价的往往是孩子。

这些童年经历深深烙印在儿童心灵深处，很难轻易抹去。当然，如果孩子学会与人合作，这些影响也是可以消除的。但这些经历造成的创伤却妨碍了他与人合作，这也是为什么近年来学校儿童咨询诊所运动开始兴起。如果父母因为种种原因未能履行自己的职责，那么，他们的责任不得不由经过心理学训练的教师承担，指导孩子走向健康的生活。

除了产生于人际的偏见，还有源于国家、种族和宗教的偏见。我们总能看到，这种偏见不仅伤害了被羞辱的儿童，还伤害了羞辱的实施者。他们会变得傲慢自大，认为
200 自己属于优越群体，而当他们在生活中尝试去落实自己树立的优越时，却以失败告终。

这种民族和种族之间的偏见往往成为战争的根源。战争是人与人之间发生的巨大灾难，如要拯救人类的进步和文明，就必须根除。对此，教师要负责阐明战争的真实根源，而不是给儿童轻易且低廉的机会去通过舞枪弄棒来表达自己对优越感的追求，如此这般并不是为以后的文明生活应做的准备。许多男孩从军多是童年期军事教育的结果，但除了这些从军的男孩，还有成百上千倍的男孩因童年的战争游戏而终生心理残缺。他们总像（对某件事一直怀恨在心的）战士那样生活着，始终无法学会与人相处的艺术。

在圣诞节或其他收礼物的节日，父母尤其要对送给孩

子的玩具多加注意。父母应该杜绝孩子玩刀枪棍棒和战争游戏，也要禁止他们阅读崇拜战争英雄及其“英勇行为”的图书。

关于如何选择合适的玩具，要说的有很多。但原则就 201
是，我们应该挑选那些能够激励孩子在以后职业发展中的合作性和建设性的玩具。儿童自己制作玩具当然会比玩现成的玩具——如布娃娃和玩具狗——更有意义。顺便说一句，还要教育儿童尊重动物，不要把它们当作玩具，而是要把它们视为人类的朋友，教育他们既不要害怕动物，也不要任意驱赶和虐待动物。如果孩子虐待动物，我们可以合理怀疑他有欺负弱小的倾向。家里若有小鸟、小狗和小猫等动物，我们一定要教育孩子把它们当作和人类一样能够感受痛苦的存在。我们可以把孩子与动物的友好相处视作他们为与人进行社会合作所做的准备。

孩子的成长环境中总免不了有亲戚来访，首先就是祖父母。我们不得不以冷静客观的态度来看祖父母的困境和
处境。在我们的文化中，祖父母的境遇总带点悲剧色彩， 202
随着年岁增长，他们本该有更大的发展空间，应该享受更多的兴趣爱好，但我们这个社会现实却正相反。老人感到被抛弃，被晾在一边。这太可惜了，因为这些人还可以做更多的事情，如果有更多的工作和奋斗机会，他们必然会更幸福、更快乐。我们不应该建议一个六七十岁，甚至八十岁的老人从自己的岗位中退下来。继续工作显然要比改

变他一生的计划要容易得多。但由于错误的社会风俗，我们把那些仍充满活力的老人“束之高阁”，根本不给他们继续表达自我的机会。这么做的结果是什么呢？我们对待老人的不当之处必然殃及孩子。祖父母总是试图证明（其实大可不必）自己依然充满活力，依然对这个世界有用。为此，他们总是干预父母对孩子的教育，总对儿童极尽宠爱纵容，殊不知这是证明自己懂教育的一种灾难性的方式。

203 我们在避免伤害这些善良老人的感情的同时，也应该给予他们更多的活动机会。但还得让他们知道，孩子是作为一个独立的个体而长大成人，并不是他人的玩物，不该被牵涉进家庭的纠纷里。如果老人和孩子的父母发生争执，那就让他们吵去吧！但是千万不要把孩子卷进去。

我们研究了那些患有心理疾病的人的生活史，发现他们大多是祖父母的“心头爱”。我们立马就能明白为什么祖父母的“疼爱”会导致孩子后来的心理疾病：所谓的最爱要么意味着溺爱纵容，要么意味着挑起孩子间的竞争和妒忌。许多儿童会对自己说，“我才是祖父最疼爱的孩子”，这样，一旦不是他人的最爱时，他们就会感到很受伤。

对儿童成长产生重大影响的还有那些“聪明的表兄弟姐妹”。他们总是带来烦恼！有时候他们不仅聪明，长得还漂亮。因此，当人们当儿童面夸他的表亲有多聪明漂亮
204 时，不难想象这会给儿童带来多大苦恼。如果儿童自信满满且具有社会情感，他就会理解所谓聪明不过是获得了较

好的训练而已，那么他自己就会想办法赶上去。但要是他像多数人那样，认为聪明是上天赐予的，是生来就有的天赋，那么他就会感到自卑，认为自己受到命运无情的摧残。如此，他的整个成长就会受到阻碍。长得漂亮当然是上天的馈赠，可它的价值却在当代文明社会不断被夸大。我们可以从儿童的生活风格中看到这种错误，他们因长得不如表亲漂亮而深感痛苦，于是便对心理产生了不利影响。甚至过了 20 年，人们仍能强烈地感到对漂亮表亲的嫉妒和羡慕之情。

消除这种外在美对儿童伤害的唯一方法是，教育他们认识到健康和与同伴相处的能力要比外貌更重要。我们承认，美是有价值的，相对于丑陋的外表，谁都想要漂亮的脸蛋。不过，我们在对事物进行理性的规划时，不能把某一种价值和其余价值隔离开来，并将其当作最高目标，对于外在美也应如此。光靠外在美并不足以使个体过上理性
美好的生活，因为我们发现罪犯中除了有一些相貌丑陋之 205
人外，也有不少长相帅气的小伙子。我们能理解为什么这些帅小伙最终走上犯罪道路：他们很清楚自己外貌上的优势，以为自己可以凭此不劳而获。因此，他们并不会为生活做好充足准备，但后来他们发现，不努力就想解决问题是没可能的，于是就选择了一条最不用努力的路径。就像诗人维吉尔所说，“facilis descensus Averno”，翻译过来就是：通向地狱的路最容易。

再说点关于儿童读物的吧。什么样的书才可以给孩子阅读？童话故事应该如何处理才适合孩子读？像《圣经》这样的书该怎么读给孩子听？这里主要想说的一点就是，我们通常忽视了儿童对事物的理解和成人完全不同的事实，也忽视了每个孩子都是根据自己的独特兴趣来理解事物的。如果儿童胆子小，他就会在《圣经》和童话故事中寻找认同他胆小的故事，这样他就永远害怕危险，一直胆小下去。童话故事和《圣经》的段落需要加上评论和解
206 释，这样孩子才能理解其原意，而不是自己主观臆测。

童话故事当然是孩子喜爱的读物，甚至成人也能从中受益。不过，有一点需要指出的是，今天的儿童对产生于特定时间和地点的童话故事有一种距离感，他们一般很难理解存在的时代差异和文化差异。他们读着在完全不同的时代下创作出来的故事，考虑不到时代背景的差异。故事里总有一个王子，这个王子也总受到赞扬和美化，他的整个性格总是以迷人的方式呈现。这类故事当然是子虚乌有，但这种理想化的虚构在一个需要崇拜王子的时代是十分适宜的。应将此类事情告知儿童，让他们知道在这些神奇故事背后是人们的虚构和幻想，否则，他们在成长过程中遇到困难时，总指望手轻轻一挥事情就解决了。就像问一个 12 岁的小男孩长大后想成为什么，他会回答说："我想成为魔术师。"

如果加上适当的评论，童话故事可以作为激发儿童合

作精神和扩展视野的工具。至于动画片，带一个1岁儿童去电影院可以说完全没问题。不过，稍大一点的孩子就会曲解电影的内容，甚至经常对童话剧的含义有误解。例如，一个4岁的孩子曾在剧院看过一出童话剧，几年以后，他仍然相信这个世界上存在卖毒苹果的妇人。很多儿童不能正确理解电影的主题，或只能笼统地概括电影作品。这就需要父母给他们解释，直到确保他们已经正确理解了电影的内容。 207

报纸也是孩子成长的一种外在影响因素。报纸是给成人看的，并不涉及儿童的观点。一些地区有面向儿童的报纸，这自然是好事情，但就普通的报纸而言，对那些准备不足的儿童来说，它呈现出的其实是一种扭曲的生活画面。久而久之，儿童会相信我们整个生活充满了谋杀、犯罪和各种事故。意外事故的报道尤其令孩子感到压抑，这一点与我们从成年人口中得知的信息一致，即他们童年时有多么恐惧火灾，这种恐惧又是多么持续地困扰着他们的心灵，

以上是教育者和父母在教育儿童时必须注意的一小部分外在因素，却是最重要的部分，这些影响因素描绘了儿童成长的一般原理。个体心理学家不得不一再坚持“社会兴趣”和“勇气”这两个口号。这两个口号同样适用于其他问题。 208

209 # 第十二章

青春期和性教育

图书馆里充斥着关于青春期的文章。这个主题确实很重要，但绝不是人们通常以为的那样。青春期的孩子不尽相同，班级里有各种各样的孩子：积极进取的、懒惰笨拙的、衣着整洁的、邋里邋遢的，等等。我们还发现，有些成人甚至老人的言行举止仍像青春期的孩子。从个体心理学的角度出发，这没什么好奇怪的，它仅仅意味着这些成人在青春期阶段停止了成长。实际上，在个体心理学看来，青春期只是所有个体必经的一个成长阶段，我们并不认为成长的任何阶段或任何境遇会改变一个人。然而，青春期作为一个新情境，起到了测试的作用，将过去形成的性格特征全都显现出来。

210 例如，有些孩子童年时被看管太严，他们未曾体会到自己的力量，也不能表达自己的想法。一旦到了青春期——正是生理和心理快速发展的时候——这种孩子就如同脱缰的野马一般，极速成长，人格也稳定朝着健全的方向发展。但另一方面，有些儿童却在青春期停了下来，还回头看走过的路，如此回首过去便找不到当下发展的正确之道。他们对生活失去了兴趣，变得非常内向。在他们身上看不到童年时被压制的能量需要在青春期释放的迹象，相反，表现出的却是他们在童年被溺爱，没有为生活做好准备。

青春期比之前任何阶段更能看出一个人的生活风格，这自然是因为青春期比童年离真正的生活更近。此时我们更容易看出他对生活的态度，看出他是否容易交上朋友，是否具有社会兴趣。

这种社会兴趣有时反而以夸张的形式表现出来。我们 211
遇到过失去分寸感的青少年，他们一心只为他人而牺牲自己的生活。社会兴趣过于强烈，同样也会阻碍他们自己的成长。因为一个人要真想对他人感兴趣，并为公共事业奋斗，他首先必须把自己照顾好，他必须有东西可贡献给社会，任何贡献都可以。

另一方面，我们也能看到许多在 14 至 20 岁之间的青少年丧失了社会兴趣。他们在 14 岁就离开了学校，因此便与老同学失去了联系，而建立新的人际关系又需要很长时间。在这期间他们感到与社会完全隔离。

接下来是职业问题，在青春期就可显示出一个人的职业态度。我们会发现，有些青少年变得独立自主、工作出色，这表明他们走上了健康的发展之路。而有些人却在青

212 春期停滞了，他们无法为自己找到合适的职业，还不停折腾，要么换工作，要么换学校，等等。否则，他们就会无所事事，根本不想工作。

这些问题并不是青春期才产生的，而是早有端倪，只不过到了青春期才清晰地浮出水面而已。如果真正了解一个孩子，那么，我们就能预测出他在青春期的表现，因为在这一时期，他有机会更加独立地表达自我，而不是像童年时那样处处被监视、看管和限制。

我们现在转向个体生活中的第三个问题：爱情和婚姻。青少年对这个问题的回答揭示了他什么样的人格特征呢？问题的答案依然与青春期之前的生活密切相关，只不过青春期强烈的心理活动使得这个答案更为清晰明确。我们会发现，有些青少年完全清楚自己应该如何表现，他们对爱情的回答或是浪漫，或是勇敢。而不管哪种，他们都知道对待异性的正确行为规范。

有些青少年则处于另一种极端，他们对待性的问题非常羞怯。越是接近真实的成人生活，他们越是表现出对这
213 个问题缺乏准备。他们在青春期的人格表现使得我们可以对他们之后的生活做出可靠的判断。如果想改变他们的未来，我们自然也就知道应该做点什么。

如果一个青少年对异性表现出极为消极的态度，只要探寻他的过往，就会发现他可能曾是一个好斗的儿童。也许他还属于那种因为别的孩子受到偏爱而感到沮丧的人，

从而导致他认为自己必须勇往直前，表现得傲慢嚣张，并拒绝一切情感的召唤。因此，他对异性的态度便是他童年经验的体现。

我们经常会发现，很多青春期的孩子很想逃离家庭，可能是因为他们一直对家里的情况心存不满，而此时便渴望能有机会与家庭断绝联系。他们不想继续被家庭供养，即使这种供养对孩子和父母都很有好处。否则，万一孩子出了问题，他们会把这种失败归因于缺乏父母的帮助。

同样的离家倾向还表现在那些住在家里的孩子身上，
只是程度要弱一些。他们会利用每一个可能的机会在外过 214
夜，晚间出去找乐子的诱惑力自然要比老实待在家里大多了。这也是一种对家庭的无声指控，表明他们在家里总被看管着，没有自由。他们从没有机会表现自我，因而也发现不了自己的错误。青春期是孩子开始表现自我的危险时期。

青春期的小孩会比之前更加强烈地感到自己突然失去了他人的欣赏。他们小学时也曾是班上的好学生，受到老师的高度赏识。接着他们突然进入一所新学校，或转到一个新的社会环境，或换了一份工作。而我们也知道，很多优秀的学生到了青春期并不一定会继续优秀。他们似乎经历了一场变化，但实际上没有任何改变，只不过原先的环境没有像新环境那样显现出他们真正的性格罢了。

由此可知，防止青少年出现各种问题的最佳措施之一

215 就是培养友谊。孩子之间应该成为好朋友、好伙伴，儿童和家庭成员以及家庭之外的人也可以成为朋友。家庭本就是一个整体，彼此之间相互信任，儿童也应该信任父母和老师。的确，只有那些与孩子相互信任的父母和教师才能在青春期继续引导着他们，且他们此前一直都是同龄人的好伙伴。不被孩子信任的父母或教师则立马会被青春期的孩子拒之门外，孩子不信任他们，视其为外人甚至是敌人。

也有人会发现部分青春期的女孩子表现出对女性角色的厌恶，而喜欢模仿男孩。不得不说，模仿青春期男孩的坏毛病，如抽烟、喝酒和拉帮结派，要比模仿努力工作的品行容易多了。这些女孩还找借口说，如果她们不模仿这些行为，男孩子就不会对她们感兴趣。

如果对青春期女孩的这种男性抗议加以分析，我们就能发现这些女孩从儿童时期就不喜欢自己的女性角色。然而，这种厌恶一直被掩盖着，直到青春期才明显地表现出
216 来。这也是为什么对青春期女孩的行为观察如此重要，我们可以从中发现她们如何看待自己将来的性别角色。

男孩子到了青春期则喜欢扮演一种非常睿智、果敢和自信的男人角色，但也有些男孩害怕直面问题，不相信自己可以完全成为真正的男人。过去的男性角色教育若存在任何缺陷，在青春期通通都会暴露出来。他们会表现得柔柔弱弱，举止像个女孩，甚至模仿女孩子的坏习惯：娇滴滴的、忸怩作态，等等。

和极端女性化相对应的是，有些男孩子却具有典型的男性特质。他们把男性的人格特征发挥到极致，酗酒、纵欲，甚至仅仅为了炫耀他们的男子气概而不惜犯罪。这些极端化的恶习经常出现在那些想获得优越感、想成为领导者以及想令他人惊讶的男孩子身上。

尽管这类男孩气势汹汹，看起来不好惹，但内心通常都比较怯懦。近来美国就有一些恶名昭彰的例子，如希克曼、勒奥波德和罗伯。研究一下这些人的履历我们就会发现，他们只准备过着轻松的生活，总是寻求一种无需努力 217
的成功。这种类型的人积极主动却并不英勇，恰恰构成了犯罪倾向的特征。

我们时常发现，有些孩子第一次殴打父母就发生在青春期。不愿深究这种行为背后人格统一性的人会由此认为，那些孩子是突然之间性情大变。然而，如果我们对之前发生的事情做一番研究，就会意识到他们的性格一直如此，从未变过，只是他们现在拥有了更多力量和可能性来实施这样的行为。

另一个值得注意的是，每个青春期的孩子都面临这样一个考验：他感到必须证明自己不再是一个孩子。这当然是一种非常危险的感觉，因为每当我们感到必须要证明什么时，我们很有可能做得太过，青春期的孩子自然也是如此。

这确实是青春期孩子最显著的特征，破解之道就是向青少年解释清楚，他们不必向我们证明自己不再是个孩子，而我们也不需要这种证明。由此，我们也许可以避免他们的过激行为。

我们经常会发现一种类型的女孩：夸大性关系，变得
218 “疯狂迷恋男孩”。这种女孩总是和母亲争吵，总觉得自己受到了压制（也许的确如此）。为了报复母亲，她们会和自己遇到的任何男人搭上关系。一想到母亲发现以后震怒痛苦的样子，她们就感到非常开心。许多因和母亲吵架或父亲过于严厉而离家出走的青春期女孩，还会和男人发生初次性行为。

具有讽刺意味的是，这些缺乏心理学洞察力的父母原本对女儿严加监管，是希望她们成为好女孩，没想到她们却学坏了。错误不在于这些女孩，而在于父母，他们没有教会自己的女儿为她们必然会遇到的情境做好准备。他们过去把女孩保护得太好了，迎来的结果只能是在面对青春期的陷阱时，这些女孩并不具备必要的判断力和独立性。

有时，这些问题并不出现在青春期，而是之后再凸显出来，比如婚姻当中。其中的原理是一样的，只不过因为这些女孩比较幸运，在青春期时没有遇到此类不利情境罢
219 了。但这种不利情境迟早都会发生，关键是要对它有所准备。

这里举一例来具体说明青春期女孩的问题。本例中的女孩 15 岁，来自一个非常贫穷的家庭。更不幸的是，她哥

哥经常生病，时刻需要母亲照顾。因此，她在很早的时候就感受到她和哥哥得到待遇的差异。而让情况变得复杂的是，女孩出生时爸爸也病倒了。于是，母亲不得不同时照顾父亲和哥哥，这使得女孩加倍渴望得到母亲的悉心照顾，这也是她日后那么强烈渴求他人的关爱和欣赏的原因。如此情境之下，女孩根本得不到家人的欣赏，尤其是不久后妹妹又出生了，剥夺了她仅存的一点关注。有时命运的安排着实让人意想不到，妹妹出生后，爸爸便痊愈了，这样妹妹便获得了比她在婴儿期更多的关爱。这些事情全被孩子看在眼里。

女孩为了弥补自己在家中不受关注的心理，便在学校
刻苦学习，成了班里最好的学生。由于成绩优异，老师建 220
议她继续学习，读高中。然而，真等她去了中学之后，事情又发生了变化。女孩的成绩没有以前那么好了，因为新老师并不认识她，自然也不会特别关注到她。而她自己又是那么渴望被欣赏、被关注，但如今在家里和学校两边都得不到任何关爱。这个女孩不得不到其他地方寻找这种关爱，她出去找了个关心她的男人，还跟对方同居了两周。很快，这个男人就厌倦了她，不用说我们也知道后来的情况，而女孩也意识到这不是她想要的关爱。与此同时，她的父母很是担心，四处找她。某天他们突然收到女孩的来信，信上说“我服毒了，不要担心我，我很幸福”。显然，在她追求幸福和关爱失败之后，下一步就想去自杀。幸

好，这个女孩并没有自杀，只是用自杀吓唬父母，想以此获得他们的原谅。她继续在街上游荡，直到母亲找到她，把她带回了家。

如果这个女孩像我们一样，知道她的整个生活被追求
221 关爱主导，那么所有这些都不会发生。此外，如果中学教师能注意到这个女孩以前的成绩一直很好，她所需要的只是一点点关爱，那么，悲剧也就可能不会发生。在事情发生的任何一个环节采取了适当措施，都能避免她走向毁灭。

这就引出了性教育的问题。性教育问题近来有点到了危言耸听的程度。很多人对性教育问题多少有些丧失理智，主张在每个年龄阶段都要进行性教育，还夸大性教育缺失的危险。可是，如果我们回顾自己和他人在性教育上的经历，就会发现其实并没有像他们想象的那般严重和危险。

个体心理学的经验告诉我们，应该在 2 岁时告诉儿童他们是男孩还是女孩，并给他们解释，他们的性别是不可以改变的：男孩长大成为男人，女孩长大成为女人。这么做的话，就算他们缺乏其他性知识，情况也不至于那么危险。要是能让儿童认识到，教育女孩不能以教育男孩的方式进行，反之亦然，那么性别角色就会固定在他的意识
222 中，他也肯定会以正常的方式发展和准备自己的性别角色。但是，如果他认为通过某种小戏法就可以转换性别，那就会产生问题。同样，要是父母总表达自己对改变孩子

性别的渴望，也会带来麻烦。《孤单之井》就有对这个问题的精彩描述。父母过于把女孩当男孩来教育，或把男孩当女孩来教育，他们给孩子男扮女装，或女扮男装，还为他们拍照。有时女孩长得像男孩，周围的人便称呼她为“小子”“小男孩”之类，这会给她带来很大的困惑，然而，这些是完全可以避免的。

我们还应该避免贬低女性价值和主张男性优越的论调。应该让儿童意识到男女平等，这不仅可以防止女孩产生自卑情结，也可以避免对男孩产生不利影响。如果男孩被教育说自己才是高人一等的性别，他们就会把女孩仅当作泄欲的对象。但要是教育他们认识到自己的未来责任， 223
他们就不会以肮脏的眼光看待两性关系。

换句话说，性教育的真正问题不仅仅是向儿童解释性关系的生理知识，还涉及正确的爱情观和婚姻观的培养。这个问题和儿童的社会适应有关，如果无法适应社会，他就会拿性问题乱开玩笑，完全从自我放纵的角度看待事物。这种情况时有发生，是文化缺陷的反映。我们的文化更有利于男性发挥主导作用，而女性则承担着受害者的角色。男性其实也深受其害，这种虚幻的优越感使他们丧失了对基本价值观的联系。

至于性教育的生理知识，则没必要过早让儿童知晓，除非他们开始对此好奇，想知道这方面情况，到那时我们再告知即可。如果儿童过于羞怯而不愿意问这方面的问

题，那关注孩子成长的父母总会知道什么时候该主动提
224 及。如果儿童感到父母就像朋友，他们就会直接问，不
过，一定要以孩子能理解的方式回答，还得注意避免可能
激发其性冲动的措辞。

与此相关的是，如果孩子表现出明显的性早熟现象，也不必大惊小怪。性发育本就开始得早，实际上在出生后的数周就存在了。我们百分百肯定小婴儿就能体会到性快乐，有时他们会故意刺激性敏感区域。遇到这种情况也不用恐慌，在尽力阻止这种行为的同时，注意不要把这个问题搞得太过严重。如果儿童发现我们对此类事情很是担心，他们就会故意一直这么做以获得关注。儿童的这种行为会让我们觉得他们已沦为性驱力的牺牲品，但其实他们只不过把这个习惯当作一种炫耀的工具。小孩经常通过玩自己的性器官来引起关注，因为他们知道父母害怕自己这么做。这和小孩装病的心理是一样的，因为他们注意到，生病了就会得到更多的宠爱和照顾。

225 频繁地亲吻和拥抱会刺激儿童的身体，应该予以避免，尤其是到了青春期。也不该从心理上刺激孩子的性意识，他们非常容易在爸爸的书房里看到一些轻浮挑逗的图片，我们在心理咨询诊所经常遇到这种案例。儿童不该接触那些远远超出其适配年龄的性方面的图书，也不该带他们去看性主题的电影。

如果能避免让儿童接触到所有这些形式的过早性刺

激，那就没什么可担心的。我们只需在适当的时候简单说几句，不刺激他们的身体和性意识，给予真实且简洁的回答即可。如果还想拥有他们的信任，一切都要以绝不欺骗儿童为前提。如果孩子信任父母，那他们就会相信父母说的，而从同伴那听来的说法就不至于被全盘接受，要知道，人类90％的性知识都来自同龄人。家庭成员之间相互合作、彼此信任的关系，比那些在回答有关性问题时所使用的各种托词要重要得多。

如果个体的性经历过多或过早，他们后来大都会对性 226
失去兴趣，这也是为什么得避免让孩子看到父母做爱。如果可以，最好别让孩子跟父母同睡一屋，更不用说睡一张床上。父母也不该把家里不同性别的小孩安排在一屋休息，得时刻留意孩子的行为是否得当，留意外界环境对孩子的影响。

上述内容总结了性教育中最重要的部分。可以看出，正如对其他阶段的教育一样，性教育最为重要的原则就是家庭内部的合作和友爱。有了这种合作精神，再加上对性别角色以及男女平等的早期认识，孩子会很好地应对可能遇到的任何危险。最重要的是，他们已准备好以健康的态度去迎接未来的工作和生活。

227 # 第十三章

教育上的失误

在儿童教育的过程中，家长和老师千万不能让他们气馁。不能因为儿童的努力没有即刻迎来成功就认为其成材无望，也不能因为他们的无精打采、冷淡漠然和极端被动而产生失败的预判，同时还不能受到儿童分天赋型和非天赋型的迷信说法的影响。个体心理学认为，为了提升儿童的心理素质，我们要努力给予他们更多的勇气和自信，教导他们困难并非不可逾越的障碍，而是需要直面并克服的问题。当然，不是所有努力都能换来成功，但诸多一分耕耘一分收获的案例足以补偿那些没有取得预期结果的努力。接下来就是一个努力换得回报的有趣案例。

228 这是一个读 6 年级的 12 岁男孩，那糟糕的成绩丝毫没给他造成困扰。他的过去尤为不幸，因为得了佝偻病，他 3 岁才学会走路，快 4 岁了还只会说少量词汇。妈妈后来带他去看儿童心理医生，医生告诉她这孩子没有希望矫正，但妈妈不相信医生的判定，而把男孩送到了一家儿童指导中心。然而中心也没有起到什么作用，这孩子进步非常缓慢。等到男孩6岁时，也就到了上小学的年纪，开始那两年因为有额外的家庭辅导，他顺利通过了考试，之后也尽力读完了三、四年级。

这个男孩在学校和家里的情况是这样的：他在学校以极端的懒惰而引人注目，到家会抱怨说自己无法集中注意力，听课容易分心。男孩跟同学关系不好，老是被他们嘲笑，而他自己也总表现得比他们弱小。他在学校只有一个非常喜欢的朋友，他们经常一起散步，并且男孩觉得其他 229
孩子很讨厌，跟他们说不到一块去。老师评价他数学不好，写作也不行，尽管如此，老师依然坚信男孩会像其他孩子一样能够完成学业。

从这个男孩的过往经历和他所能做的一切来看，对他的治疗很明显是建立在错误诊断的基础上，这是一个深受强烈自卑感折磨的——即有着自卑情结的——男孩。他有个优秀的哥哥，父母认为他不学习都能上高中。父母总喜欢说自家孩子什么都不用学，孩子也喜欢这么吹捧自己。很显然，不用功怎么可能成绩好呢！这个男孩的哥哥很可能刻意训练自己上课时必须集中精力、认真听讲、记住在学校所学的一切，并在课上就完成了大部分作业，而那些在学校不够专心的孩子则不得不在家里继续做功课。

这两个男孩之间的差异多大呀！案例中的男孩不得不

230 生活在一种压迫感之下：能力不如哥哥，自己远没有哥哥有价值。当妈妈生气，或者哥哥叫他傻瓜、白痴时，也可能经常对他说类似的话。这位妈妈说过，如果男孩不听哥哥的，哥哥就会把他暴揍一顿。结论就摆在我们面前：这是一个相信自己不如别人有价值的人。现实生活似乎也证实了他的看法：同学们笑话他，作业错误百出，自己没法集中精神。每个问题都令他恐惧不已，老师也时不时说他在班级和学校找不到归属感。这也就难怪男孩最终会相信自己不可能避开目前所陷入的境遇，相信其他人对自己的看法都是正确的。一个孩子丧失自信到对未来不抱信念的程度，属实可怜又可悲。

当我们以一种轻松愉快的方式和他聊天时，很容易看出他对自己丧失了信念，不是因为他颤抖的身体和苍白的脸色，而是因为一个总能被观察到的小细节：我们问他多
231 大时（实际上我们知道他 12 岁），他回答说自己 11 岁。不要把这个错误回答视为偶然，因为大多数儿童都确切地知道自己的年龄。这样的错误有其内在的原因，如果考虑到孩子过去发生了什么，并联系他对年龄的回答，我们会知道他在试图重温昔日的场景。他想回到过去，回到那个更幼小、更脆弱，也更需要帮助的过去。

我们可以根据已经掌握的事实来重建他的人格系统。这个男孩并不想通过完成他这个年龄力所能及的任务来寻求认可，但是他相信并表现出自己没有其他人发展全面，

也竞争不过他们。这种落于人后的感觉就体现在他把自己的年龄说小了，他回答自己 11 岁，但在有些情况下很可能表现得只有 5 岁的样子。他坚信自己不如别人，并尽力调整自己的所有活动以匹配那种不如人的状态。

男孩在大白天尿床，也不能控制排便。当一个孩子相信或者想相信自己还是个婴儿的时候，才会出现这些症
状。这些问题证实了我们的观点：这个男孩依恋过去，如 232
果可能，也想回到过去。

在这个孩子出生之前，家里就有一个保姆。小男孩非常依赖她，一有可能，她就取代了妈妈的位置充当小男孩的支持者。就此我们可以进一步得出结论。我们已经了解到男孩过去怎么生活，知道他不愿早起，有人还曾带着厌恶的表情向我们描述他早起要花很长时间。我们的结论是，孩子不愿意上学。一个和同学相处不好、感到被压制且认为自己一事无成的孩子，怎么可能喜欢上学呢。故而，他一点也不想早起准时到校。

可是，保姆却说他之前是愿意上学的。事实上，最近他只有在生病的时候，才祈求去上学。这跟我们所说的丝毫不矛盾。那么，该如何理解保姆的话呢？其实，情况很明朗，也很有意思：生病时男孩可以允许自己说他想上
学，因为他很清楚保姆肯定会回答“你不能上学，因为你 233
生病了”。但他的家人并不理解这种表面的矛盾，因而也不知道该做点什么。我们也能看出，其实这个保姆并没有

弄明白这个男孩的真实想法，还以为他真的想上学。

家长把孩子送来我们诊所，则是因为不久前才发生的事情，这个男孩居然拿保姆的钱去买糖果。这也表明他的行为像个小孩子，偷钱买糖是极其孩子气的行为。当控制不住对糖果的渴望时，那些非常年幼的孩子才会有这种行为，他们当然也无法控制自己的身体机能。这种行为的心理学含意就是：你必须照看我，否则我会做淘气的事情。男孩之所以不断做出此类意欲获得关注的行为，是因为他对自己没有信心。如果我们把他在家和在学校的情况作一比较，两者之间的关联是显而易见的：在家里他可以使别人关注到他，但在学校却不能。不过，谁又能矫正孩子的行为呢？

234 在男孩被送到我们诊所之前，他一直被当作一个拖后腿、卑弱的孩子，但他完全不该被归于此类。他是个完全正常的孩子，一旦恢复自信，他的表现一定能和那些同学不相上下。他总倾向于消极地看待每件事，在做出一丁点的努力之前，就已经承认失败。他每一个举止都体现出自信的缺乏，老师的评价也证实了这点：精神不集中、记忆力差、注意力分散、没有朋友，等等。他的灰心丧气明显到想忽视都难，而他的处境又是如此不利，以至于很难改变他对自己的看法。

在他填完《个体心理问卷》之后，我们的咨询谈话就开始了。不仅和男孩交谈，而且要向他身边的人了解情况。首先是他的母亲，她早已对男孩不抱希望，只想他能完成学业，以后好找个糊口的工作。其次是哥哥，他总是瞧不起自己的弟弟。

小男孩对于“你长大想干什么”这个问题却回答不上来。这也太不同寻常了，因为这个年龄段的小孩不知道自
己将来想干什么，很能说明问题。确实，人们通常不会从 235
事小时候选择的职业，但不要紧，至少这些人曾受这种职业理想的牵引。他们在孩童时期想成为司机、警卫和乐队指挥等一切他们见过的并自认为有吸引力的职业。但是，若一个孩子没有实际目标，那就可以认为他意图将目光从未来移开，转向过去；或换句话说，回避未来以及任何与未来相关的问题。

这似乎和个体心理学的一个基本原则相矛盾。我们总说儿童具有追求优越感的特质，也一直试图表明每个孩子都想展现自己、想变得更强大、想有所成就。突然间我们眼前出现的一个可以说完全相反的孩子：只想往后缩，希望自己变得幼小，由他人养着惯着。这种现象我们又该怎么解释呢？心理活动的变化并不简单，而是有着复杂的背景。如果我们对复杂的案例做出想当然的结论，那多半是会犯错的。所有的复杂之事都存在迷惑性，任何看似相反
方向的尝试其实都可以正向理解。比如说，这个男孩努力 236
着非要往回撤退，似乎只有这样才最强大，也最安全，除非完全理解整个情形的发展，否则这种现象的确令人费

解。实际上，这类儿童只是以一种有趣的方式行合理之事，他们从来没有像在幼年那么弱小无助且不承担任何责任时那般强大或有支配力。既然这个不自信的男孩害怕自己一事无成，那我们还能期望他愿意面对未来并有所作为吗？他肯定会避开任何测试其作为个体的能力和长处的情境。因此，留给他的只是一个没有什么要求的极为有限的活动范围。可见，他只能在很小的范围内追求被别人认可，就像他小时候依赖他人时获得的认可一样。

我们不仅要跟男孩的教师、妈妈和哥哥谈话，还有他的父亲以及我们的同事。这样的咨询商谈工作量大，要是能得到教师的支持，就会节省大量劳力。虽然这并非不可
237 能，但也不简单。许多教师固守老旧方法和观念，认为心理分析有点旁门左道。其中也有教师担心心理分析会使他们丧失部分权力，将之视为一种未经许可的干预。这些当然都是误解，心理学是一门科学，学好它不是一蹴而就的，而是需要长期的研究和实践。然而，要是以一种错误的视角来看待心理学，那心理学自然没有价值可言。

对此，宽容（tolerance）是一种必需的品质，特别是对于教师而言，以开放的心态接触心理学的新观点是很明智的，即使这些观点和我们当前所持的看法有冲突。同样，我们也没有权力断然否定教师的观点。在这种情况下，我们该怎么办呢？按照我们的经验，什么都不要做，只要让这个孩子脱离困境即可，也就是说，让他离开那所

特定的学校。如此，没有人需要妥协，也没人知道发生了
什么，但这个男孩却摆脱了一个沉重的负担。他走进了一
个全新的环境，没有人认识他，他可以重新来过，不让别
人对他有不好的评价，不让自己遭到鄙视。至于具体怎么
做，很难解释清楚。家庭环境与此有很大关系；案例不 238
同，处理方式也不尽相同。但是，如果有很多教师谙熟个
体心理学知识，对这类儿童的处理就容易多了，因为他们
会用理解的目光来看待种种情况，真正帮到儿童。

239

第十四章

对父母的教育

我们多次申明，这本书是为家长和教师准备的，他们均会从对儿童心理生活的新洞见中获益。上一章分析到，儿童的教育和发展是应该在父母还是教师的主导下进行并不是重点，最重要的是保证儿童获得正确的教育。这里的教育是指学校学科教学之外的教育——人格发展。当今，虽然父母和教师都对儿童的人格教育有所贡献：父母纠正学校教育的不足，而教师补足家庭教育的短板，但在现代社会和经济条件下，大城市儿童的教育责任则更多落在了
240 教师头上。整体而言，父母对新观念的吸收没有教师强，后者的职业兴趣就是儿童的教育。个体心理学将“让儿童为明天做好准备”这件事主要寄希望于改变学校和教师，尽管家长的合作也是必不可少的。

教师在教育工作中必然会与家长发生冲突，这种必然性是因为教师纠正工作的展开要以家长教育中的失败为前提，某种意义上说，其实就是对家长的指责，且家长也经

常感受得到。在这种情况下，教师该如何处理与家长的关系呢？

接下来就具体说一下这个问题。当然，我们是从教师的角度出发的，他们需要把与家长打交道视为一种心理学问题。如果家长看到这一段，请不要生气，我们绝无冒犯之意，这些话只针对那些不够明智的家长，正是他们构成了教师不得不处理的群体现象。

许多教师认为，和问题儿童的父母打交道要比与问题儿童本人接触麻烦多了。这意味着教师在面对前者时总得 241
运用一定的策略。教师一定要明白，家长并不需要为自己孩子所表现出来的所有毛病负责。家长毕竟不是教学有方的专业人员，通常也只有依照传统来引导孩子。当他们因为孩子的问题而被叫到学校时，经常觉得自己像是被指控的罪犯。这种感受也反映出他们心里的内疚，因而需要教师采取巧妙的处理方式。所以，教师应该尽力把家长的情绪调整为友好、坦率的状态，并将自己置于助手的位置，让家长意识到他们才是统帅，只有依靠他们的善意才能解决好孩子的问题。

即使有充足的理由，我们也绝不应该责备家长。如果我们能和父母达成一种协议，劝服他们改变自己的态度，并按照我们的方法一起努力，那么我们就会有更多的收获。直接点明他们过去教育中的错误反而毫无帮助，我们所要做的就是尽力使他们采取新的方法。说这儿不对那儿

242 不对的，只会冒犯他们，让他们不愿与我们合作。儿童的堕落并非凭空而来，一定有一个发展过程。被叫来学校的家长总觉得自己在教育中忽视了什么，但千万不要让他们感到我们也这样认为。我们绝不能断然而教条地和他们谈话，就算给他们提建议，也不应该用命令的语气，多使用“可能”“也许”“或许可以这样试一下”这类词汇。即使我们很清楚他们哪儿错了、如何纠正，也不要直言不讳，这样他们会感觉像在强迫他们做事。当然，并不是每个教师都懂这些策略，它们也不是一下子就可以掌握的。有趣的是，富兰克林曾在自己的自传中表达了同样的思想。他写道：

> 贵格会的一个朋友曾好心提醒过我，很多人都觉得我为人骄傲，经常在谈话中流露出那种傲慢，说我在交流观点时自己对了还不满足，非得咄咄逼人，可以说相当飞扬跋扈了。他还举出数例来证明这一点。于是，我决定努力改掉这个臭毛病，包括他没提到的
> 243 那些愚蠢做派。我还在自己的道德清单上加上了谦卑一条，我指的是广义上的谦卑。
>
> 我不敢自吹真的掌握了谦卑美德的实，但我确实具备了谦卑的形。我给自己定下规矩：绝不直接反驳别人的观点，也绝不直接肯定自己的看法。我甚至按照我们君子协定的老规矩禁止自己使用“当然”“毫

无疑问”等语言中所有带有固定观点的词语或表达方
式；而开始使用“我想”“我的理解是”“我想事情可
能是这样”“目前在我看来”诸如此类的表达。当有
人提出一个我认为是错误的观点时，我不再直接驳
斥，立马指出他观点中的荒谬之处，而是回答说在某
些情况下他的观点有其合理之处，不过按目前的情况
我觉得似乎有点不妥，等等。我很快就发现这种变化
带给我的好处：我和他人的对话更加愉快了；我以这
种温和的方式提出的观点更容易被人接受，反对的意
见也少了；即使自己错了也不会有屈辱感；如果自己 244
碰巧正确，我也更容易说服别人放弃他们的错误观
点，而站到我这边。

刚开始换成这种说话模式时，我不得不压抑自己的自然倾向。不过，习惯成自然，慢慢地也就适应了。或许这也是50年来没人听到我表达过一句教条的原因。无论是早期曾提议建立新制度或改造旧制度时我在民众心中的分量，还是后来成为议员时在公共议事会中的影响力，我认为皆是受益于这种谦卑习惯(但我的正直肯定是最重要的)。因为我是一个不善言辞的人，没有雄辩的口才，在遣词造句时也常常犹豫不决，表达也不是很准确，但我的观点还是普遍得到了认同。

实际上，骄傲是自然情感中最难制服的。再怎么

> 掩盖它、与它搏斗、打倒它、阻止它、克制它，它还是生龙活虎，时不时探出头来展示自己；我们在历史中经常看到它。甚至即使我认为自己完全克服了骄傲，我还是会因自己现在的谦卑而自豪。

245 其实这些话并不适合生活中的每一个场景，对此我们既不能期望，也不能强求。不过，富兰克林的话说明，咄咄逼人的反对有多么不合时宜和无效。生活中没有适合所有情境的基本准则，每个规则一旦超出限度，就会立马失效。当然，在有些情况下，强硬的措辞是唯一正确的选择。然而，当我们考虑到教师和忧心忡忡的父母的处境时，他们已经经历了羞辱，并准备为自己的孩子承受进一步的羞辱。当我们考虑到没有家长的合作我们什么也办不到时，我们也必然要采取富兰克林的方法。

在这类情况下，去证明谁正确或显示自己的优越没有意义，重要的是找出帮助孩子的有效方法，其间一定会遇到很多困难。许多父母听不进任何建议，他们会感到震惊、愤怒、不耐烦，甚至充满敌意，因为教师把他们和他
246 们的孩子置于这样一种令人不快的境地。这种家长通常会无视自己孩子的毛病，对现实视而不见，但现在他们却被迫睁开自己的眼睛，这当然会令他们厌烦。因此，当教师简单粗暴或过于急切地和家长接触时，没能赢得家长的支持也就变得好理解了。有的家长甚至更过分，他们对教师

大发脾气，显示出一副不容接近的样子。这时，最好向家长表明，教师对儿童的教育离不开他们的协助；让他们先冷静下来，能够心平气和地与教师谈话。不要忘了，家长往往深陷传统的、陈旧的教育方法之中，很难一下子解脱出来。

例如，如果一位父亲已经习惯了说话严厉、表情严肃
地打击孩子的自信，那他肯定很难在十年之后突然切换成
面色温和、轻声细语的模式。这里必须提到的是，当一位
父亲的态度突然来了个一百八十度大转弯，他的孩子一开
始也不会相信这是真的，而觉得是父亲的戏码，他要很长
时间才能相信父亲的这种态度转变。高级知识分子家庭也 247
不例外。有一位中学校长因为不停地指责和批评儿子，几
乎让孩子濒临崩溃。这位校长在和我们的谈话中也意识到
了这点，但回家以后，因为孩子太懒散，他又发起火来，
对孩子进行了一番严厉的说教。每次儿子干了父亲不喜欢
的事，这位父亲就会对他发火，言辞激烈。一个自称是教
育者的校长尚且如此，至于那些从小就教条地认为犯错就
要挨打的普通家长，不难想象其改变之难了。和家长交谈
时，教师应该运用一切得体和富有技巧的话术和手段。

我们不要忘记，伴随皮鞭的儿童教育在底层社会是非常普遍的。因此，来自这些阶层的孩子在学校接受矫治谈话之后，回家后还有家长的皮鞭在等待着，这真是太常见了。一想到我们的教育努力经常因家长的皮鞭而付诸东

248 流，我们就感到悲哀。在这种情况下，孩子经常要为同一个错误而受两次惩罚，我们却认为，一次就足够了。

我们很清楚双重惩罚会带来可怕的后果。假如有个孩子必须把自己差劲的成绩单带回家，他会因为怕挨揍而不给父母看；又担心这样学校会处罚他，于是便逃学或伪造父母签字。我们千万不能忽视或小看这些事情，一定要在处理问题时联系各种环境因素。我们要问一问自己：如果一意孤行，会发生什么事情？会对孩子造成什么影响？有多大把握能对孩子产生积极作用？孩子能承受这种负担吗？他能从中学到什么吗？

我们都知道，儿童和成人对困难的反应有着天壤之别。对孩子进行再教育，我们要一再谨慎，在重塑他们的生活模式之前，必须理性地探讨可能出现的结果。只有那些对孩子的教育和再教育进行过深思熟虑和客观判断的
249 人，才能更有把握地预测自己教育努力的效果。实践和勇气是教育工作的基本要素，也是不可动摇的信念，不管出现什么情况，总有办法防止儿童崩溃。首先，我们必须遵循一条古老但公认的法则：越早教育越好。那些习惯把人视为一个整体而把症状视为整体一部分的人，要比那些倾向于根据僵化的模式来治疗症状的人更能理解和帮助儿童，例如在后一种情况中，有的教师会在发现孩子没做家庭作业后，立马就给家长打报告。

我们即将迈入一个对儿童教育不断有新理念、新方法

和新观点的时代，科学也正发挥着破除陈规旧俗的作用。对这些新知识的把握使得教师的责任被置于更高水平，也使他们更加理解儿童的问题，赋予他们更多的能力去帮助孩子。重要的是要记住，单个的行为表象如果脱离了整体 250
人格将变得毫无意义，只有把它与整体人格联系在一起研究，我们才能更好地理解它。

251 # 附录一　个体心理问卷

（供理解和矫治问题儿童之用，由国际个体心理学家学会拟定）

1. 导致问题发生的原因是何时出现的？当初次发现问题时，他处于什么样的情境（心理上的或别的）？

重要情境有：生长环境的改变、开始上学、家庭有新生儿、有兄弟姐妹、学校中的挫折、换老师或换学校、新朋友、生病、父母离婚、父母再婚、父母死亡。

2. 是否早在幼年时就发现了特别之处？如精神或身体
上的缺陷、胆怯、粗心、拘泥、笨拙、羡慕、嫉妒，或者
在吃饭、穿衣、洗澡、睡觉时依赖别人。孩子是否惧怕独
252 处或怕黑？是否理解自己的性别角色？第一性征、第二性
征或第三性征表现如何？如何看待异性？对自己的性别角
色理解有多深？是否为继子/女、私生子、被寄养者、孤
儿？养父母对他/她怎么样？与养父母还有联系吗？是否
在适当的时间学会说话或走路？学习说话或走路时有困难

吗？长牙时间正常吗？在学习阅读、绘画、唱歌或游泳方面是否有明显困难？特别依恋父亲、母亲、祖父母或者保姆吗？

有必要确定他是否对环境怀有敌意并寻求他自卑感的根源；是否有回避困难的倾向，以及是否表现出以自我为中心和过分敏感的性格特征。

3. 孩子惹的麻烦多吗？他最恐惧什么？最害怕谁？夜间哭喊吗？尿床吗？有支配弱小者或强大者的倾向吗？有和父母同睡一张床的强烈意愿吗？举止笨拙吗？患过佝偻病吗？他的智力怎么样？遭受过很多打趣和嘲笑吗？在发型、衣饰和穿鞋等方面爱慕虚荣吗？经常咬指甲或挖鼻孔 253
吗？吃东西狼吞虎咽吗？

了解他是否自信地追求优越感，以及他的固执是否阻碍了行动，这将对我们很有启发作用。

4. 孩子很容易就能交上朋友吗？对人和动物是耐心宽容，还是骚扰和折磨他（它）们？喜欢收藏或囤积东西吗？是否吝啬和贪婪？指挥他人吗？倾向于自我孤立吗？

这些问题涉及儿童和人交往的能力以及自信程度。

5. 根据以上所有问题的回答，儿童目前的状况怎样？他的在校表现如何？他喜欢学校吗？他准时上学吗？上学前会兴奋吗？还是急匆匆的？弄丢过书本、书包和练习本吗？他在做练习和考试前紧张激动吗？会忘记做作业，或拒绝做作业吗？浪费时间吗？懒惰吗？是否精神不集中？会扰乱课堂
254 吗？他如何看待老师？他对老师是挑剔、傲慢还是冷漠？他是主动请教别人学习问题还是坐等别人来帮助？他在体操和运动方面雄心勃勃吗？他认为自己是相对没有天赋还是完全没有天赋？他阅读广泛吗？他喜欢读哪类书籍？

这些问题帮助我们了解孩子对学校生活准备到何种程度，了解他们参加“学校新情境测试”的结果及其对困难的态度。

6. 关于他的家庭环境、家族病史、有无酗酒、犯罪倾向、衰弱、神经症、梅毒和癫痫病，以及生活标准的准确信息。家庭是否有人死亡，死亡发生的时候孩子多大？是孤儿吗？谁是家庭的精神主宰？家庭教育是充斥抱怨和挑剌的严苛风格还是纵容溺爱型？家庭氛围会让孩子害怕生活吗？对孩子的监管情况如何？

从儿童在家庭中的处境及其对家庭的态度，我们就可以判断出他所受到的影响。

7. 儿童在家中处于什么位置？是长子、幼子、独生子
255 女，还是唯一的男孩/女孩？是否存在彼此竞争、常常哭闹、恶意嘲笑以及贬低他人的强烈倾向？

这些问题对于我们研究儿童的性格、了解其对他人的态度非常重要。

8. 儿童对职业选择有任何想法吗？他如何看待婚姻？家庭其他成员从事什么职业？父母的婚姻生活如何？

从这些问题中我们可以看出孩子对未来是否有勇气和信心。

9. 他最喜欢的运动、故事、历史人物和文学形象是什么？喜欢在别的小孩做游戏时搞破坏吗？想象力丰富吗？是冷静理智的思考者吗？爱做白日梦吗？

这些问题涉及他在生活中扮演英雄角色的可能倾向，若非如此则可认为是缺乏勇气。

10. 儿童最早期的记忆是什么？是否有印象深刻的梦，比如关于飞行、坠落、无力、赶不上火车、焦虑？或是周期性地做这些梦？

由此，我们可以发现他是否经常有孤立封闭的倾向、是否谨小慎微或充满雄心壮志、是否偏爱特定的人或乡村生活等。

11. 儿童在哪些方面丧失了信心？他认为自己被忽视 256
了吗？他准备好应对别人的注意和赞扬了吗？他有迷信的

想法吗？回避困难吗？他尝试过多种事情但最终只能放弃吗？他对未来迷茫吗？他相信遗传的不良影响吗？周围的一切都令他灰心丧气吗？他对生活的看法悲观吗？

对这些问题的回答可以帮助我们确定儿童是否对自己丧失了信心，以及当前是否已走上歧途。

12. 是否爱耍花招，是否有一些不良习惯，如做鬼脸、装傻、孩子气和出洋相等？

儿童为了引人关注，会在这些方面表现出一些勇气。

13. 有言语障碍吗？相貌丑陋？有畸形足？膝盖内扣或罗圈腿？身材矮小？特别肥胖或高挑？比例不协调？眼睛或耳朵异常？智力迟钝？左撇子？睡觉打呼噜？长得特别好看？

这些不足或缺陷通常都被儿童放大了，并由此丧失勇
257 气。那些非常漂亮的儿童也经常会出现成长问题，因为他们总抱着自己无需努力就能获得一切的想法，这样的儿童会错失无数为生活做准备的机会。

14. 他是否经常说自己没有才能，对学业、工作和生活“缺乏天赋”？他有自杀的念头吗？他的失败和烦恼之间是否有时间上的先后顺序？是否过于看重外在的成功？他是卑躬屈膝、执拗顽固还是桀骜叛逆？

这是他极度气馁的表现，尤其是在儿童欲摆脱自己的问题却徒劳无获之后更为明显。他的失败部分是由于他的无效努力，部分则是因为他对交往的人缺乏了解。不过，他也总得满足自己对优越感的追求，因而便转向做那些轻松容易的事情。

15. 列举孩子取得成功的事例。

这些“积极表现”会给我们重要的启示。因为孩子的真正兴趣、倾向和准备工作很可能指向另一种方向，与他至今走过的路有所不同。

上面这些问题不适合以一种固定的或程式化的顺序去 258
提问，而应该富有建设性并借助谈话的形式来提出。从对这些问题的回答中，我们可以形成正确的儿童个体性观念。如此，我们便会发现，错误不是被合理化了，而是变得可以预想和理解。对儿童暴露出来的错误，我们应始终以耐心友善的方式进行解释，不应含有任何威胁。

259 # 附录二　五个案例及其评述

案例一

这是一个 15 岁的男孩，是家中的独子。他的父母早年努力工作，挣来了如今还算不错的生活。父母对待孩子细致体贴，为他提供了确保身体健康所需的一切，因此，孩子的早年生活快乐而健康。他的母亲很称职，就是比较容易哭，她叙述起自己孩子的事情来断断续续，很是费力。我们不了解孩子的父亲，据妈妈说他是一个诚实、自信且精力充沛的顾家好男人。男孩小时候要是不听话，他爸爸就会说，“如果我不锤炼他的意志，将来可就麻烦了”。但所谓的“锤炼”并不是谆谆教诲，而是一旦孩子做错什么
260 事，他就鞭打孩子。因此，这个男孩很小的时候就有反抗意识，体现在他想成为家里的主人，这是那些被宠坏的独生子中经常出现的欲望。这孩子很小的时候就表现出一种强烈的不服从倾向，并发展成为只要父亲不动手，他就不会顺从的习惯。

要是暂停一下，问到孩子一定会形成的鲜明特征是什么，我们会回答：撒谎。他靠撒谎来逃避父亲的责打，这也的确是母亲来向我们抱怨的主要内容。这孩子现在已经15岁了，可父母也分不清他究竟是在说实话还是在撒谎。我们还进一步了解到，这个男孩曾在一所教会学校待过一段时间，那里的教师也抱怨他不服管教，还扰乱课堂。例如，教师没提问他，他却高声回答；他会用突然提问来打断老师；在课上大声和同学说话。他的作业也是字迹潦草、难以辨认，他还是个左撇子。他的行为最终超越了所有界限，他越是害怕被父亲惩罚，就越是撒谎。他的父母 261
起先打算让他继续留在学校，但后来却不得不把他领回家，因为老师认为他已经不可救药。

这孩子很活跃，智力也正常。他念完公立学校，要参加中学入学考试。他告诉一直等他考完试的妈妈，自己通过了考试。全家人很高兴，夏天还去了乡村度假。孩子经常谈及中学的事情，后来学校开学了，男孩每天背着书包上学，中午回来吃饭。不过，有一天中午，母亲陪他走了一段上学的路，在过马路的时候，她听到有个人说："那不是早晨给我带路去火车站的孩子吗?"她就问儿子那个人说话是什么意思，他上午是不是没去上学。这孩子回答说，学校10点就放学了，那个人问他去火车站的路，他便带他去了。母亲并不相信男孩的解释，之后将此事告诉了孩子的父亲，他决定第二天跟孩子一起去学校。第二天在 262

去学校的路上，父亲不断地询问，才发现孩子并没有通过入学考试，自然也就从来没有上过学，这些天一直是在街上闲逛而已。

家里请来了家庭教师，男孩最终也通过了入学考试，但他一点也没长进。他仍旧扰乱课堂秩序，还开始偷东西。他偷了妈妈的钱，却矢口否认，直到威胁送他去警察局，才坦白承认。这个案例接下来则变成了一出忽视孩子教育的悲剧。这个曾经骄傲地认为自己可以锤炼孩子意志的爸爸，现在对孩子不抱一丝希望。男孩得到的惩罚则是没人愿意理会他，也不会有人关注他，他的父母也声称以后不再揍他。

在回答孩子什么时候开始出现问题时，妈妈说，“从出生就开始了”。我们听到这个回答时，认为他妈妈的真正想法应该是，既然父母想尽一切办法都没有把孩子教育好，那么孩子的不良行为肯定就是天生的。

263 当他还只是小婴儿时，就特别不安分，没日没夜地哭喊，而所有的医生都认为这孩子非常正常，也很健康。

这没有看上去那么简单。婴儿哭泣本身并无值得关注之处，原因也多种多样，尤其是在本案例中，这位母亲先前也没有养育方面的经验。儿童通常在尿湿的时候会哭，他妈妈则并未意识到这一点，而是跑过去把他抱起来，轻轻摇一摇，给他喂水。但她本应该找出孩子哭泣的真正原因，给他换一下尿布，让他舒服些，之后就不用再管他了。这样，孩子就会停止哭泣，也不会像现在这样给他留下不良影响。

他妈妈说这孩子都是在正常的年纪正常地学会说话和走路，长牙也正常。但给他玩具时，他很快就会习惯性地把玩具拆了，这些行为很常见，并不表示孩子性格一定不好。值得注意的是，妈妈说“孩子无法单独玩耍，一分钟也不行”。那么，妈妈究竟如何训练孩子单独玩耍呢？只 264
有一种办法，那就是允许孩子在没有成人的干预下一个人待着。我们怀疑这个母亲没有这么做过，她的一些话也证明了这点。例如，孩子总是让她忙个不停、总是依恋着她，等等。这是孩子渴望得到母亲宠爱的初次尝试，也是他心灵最早的印迹。

我们从不让孩子一个人待着。

母亲的说法显然是在作自我辩护。

到今天为止他都没有单独待过，他也不愿独处，哪怕就一个小时，夜里也从未独处过。

这证明了孩子和她拴得有多紧，是多么依赖母亲。

他从不害怕什么，也不知道害怕为何物。

这似乎与心理常识矛盾，与我们的发现不符，但进一

步考察就能理解了。对这种孩子来说，害怕是一种迫使他
265 人和他待在一起的手段，而这个小男孩从未独处过，因此
也就没有必要害怕。害怕是他独处时才会表现出来的一种情绪，所以根本就没有让他害怕的地方。下面是另一个似乎也很矛盾的陈述。

他特别恐惧爸爸的鞭子。所以他还是有害怕的时候？不过，一旦不打他了，他很快就抛诸脑后，又活了过来，即使有时他被打得很严重。

我们在这里看到一种不幸的对比：妈妈处处迁就孩子，爸爸则愈发严厉，试图校正妈妈的软弱，结果就是越来越把孩子赶向妈妈这边。也就是说，孩子会转向宠溺自己的人，转向那个轻而易举就能向他索取到一切的人。

男孩 6 岁在教会学校受到牧师的监护，这时已经有人开始抱怨他好动、不安分、注意力不集中。对他行为的抱怨远胜于学业，其中最为显著的就是他太不安分。当一个
266 孩子想获取关注时，有什么是比不安分更好的办法呢？这
孩子想被关注，他已经养成了要吸引妈妈注意的习惯。如今，他进入学校这个更大的圈子，同样想获得新成员的关注。要是教师不理解儿童的真实目的，那么只会把他拎出来批评一番，希望矫正他的行为，这时孩子就会如愿以偿。男孩不得不为获得关注而付出巨大代价，不过他已经习惯了。他在家里受到爸爸严厉的责打，可依旧我行我

素。所以，我们又怎么能期望学校那一点小小的惩戒就彻底改变他呢？这几乎不可能。当孩子“屈尊”回到学校时，自然希望成为众人瞩目的焦点，以此作为补偿。

父母试图改善男孩的行为，于是跟他说为了班级每个
人的利益，必须在课堂保持安静。听到这样的陈词滥调，
我们不由得怀疑这对父母是否拥有健全的常识。大人和孩
子谁不知道是非对错，孩子不过是在忙别的事呢！他想获
得关注，但保持安静是不可能获得关注的，而通过努力学
习来获得关注又没那么轻松。一旦意识到他为自己设定的
这种目标，我们就解开了他行为的谜团。显然，当父亲拿 267
着藤条走来时，他能稍稍安静一会儿，不过，妈妈说，一
旦爸爸离开，孩子就又原形毕露了。在男孩眼里，鞭打和
惩罚只是短暂中断了自己的行为，但绝对不会获得持久的
效果。

他总是控制不住自己的脾气。

对于想获得关注的孩子来说，发脾气显然也是一种方法。我们知道，人们通常把发脾气当作完成任务的一种便捷手段，它是由目的所决定的一种动作形式。例如，想安静躺在沙发上的孩子是不需要发脾气的，只有那些想引人关注的孩子（就像本案例中的孩子）才会明显地表现出有脾气。

他会习惯性地把家里的各种东西带到学校去换钱，然后招待同学。他的父母发现这种情况之后，每天都会搜完
268 身再让他上学。他最终放弃了这种行为，但马上就开始恶作剧、上课捣乱。他的这些毛病还是在父亲的严厉惩罚之下才好不容易改掉的呢。

我们可以理解他的恶作剧，这也可归因于他引人关注的欲望，他成功招来了老师的惩罚，还显得自己凌驾于学校规则之上。

他的捣乱行为在慢慢减少，不过仍会隔一段时间就卷土重来，最终还是被学校开除了。

这也证实了我们之前所说的观点。这个男孩努力想获得他人的认可，自然会遇到很多障碍，他自己也意识到了这一点。此外，如果考虑到他还是个左撇子，我们会对他有更深入的理解。可以看出，尽管他想回避困难，却始终躲不过去，也缺乏克服困难的信心。但是，他越对自己没信心，就越想证明自己值得关注。他无法停止恶作剧，直到校方再也容忍不了，把他开除。如果我们的立意点是不
269 该允许某一个捣乱者扰乱其他所有孩子的学习，那么，开除他便是唯一选择，而校方的做法便合理公正。可是，如果我们认为教育的目的是矫正儿童的缺点，那么开除就不是可取之道了。孩子既然很容易获得母亲的认可，也就无须在学校用功了。

需要指出的是，在一个教师的建议下，这孩子在假期被送到儿童矫治之家进行治疗，那里的管理比学校更为严格，但改造还是失败了。父母仍然是孩子的主要监护人。孩子每周日回家一趟，他很是高兴。不过，即使不允许他回去，他也并不沮丧。这很容易理解，他想表现得像个了不起的大人物，也希望别人这么觉得。他被打了也不恼怒，不允许自己哭，不管事情多么令他难以忍受，他也不想有失男子汉气概。

他的学习成绩并不是很差，因为总有家庭教师教他。

由此可以看出，他没有独立性。老师告诉父母，这孩 270
子若是能静下来学习，成绩会更好一些。我们相信这孩子能学好，因为除了天生智力有缺陷，任何孩子都可以搞好学习。

他没有绘画天赋。

这很重要，因为从这个陈述中我们可以看出，他并没有完全克服自己右手的笨拙。

他是体育馆里的运动佼佼者；他学游泳很快，也不惧危险。

这表明他并未完全丧失勇气，只不过是把自己的勇气用在了容易上手也必然会成功的那些不重要的事情上。

他根本不知道什么叫害羞，总把自己的想法告诉每一个人，不管对方是学校的门卫，还是校长，尽管他一再被告诫不要如此鲁莽和唐突。

我们知道，他从不在乎别人禁止他做这做那，因此，
271 我们不能把这种不会害羞的行为视为有勇气的表现。很多儿童都能很好地意识到教师、学校管理者和自己之间的距离。这个不怕被父亲鞭打的孩子自然也就不会害怕校长，为了显示自己的重要性，他说话十分冒昧，这种方式也的确总能让他达到目的。

他对自己的性别认知并不十分明确，但他经常说自己不喜欢当女孩。

没有明确的迹象表明他对自己的性别有什么看法，不过，我们总能发现在他淘气的性格之下对女孩的不屑，并从这种不屑中获得一种男性的优越感。

他没有真正的朋友。

这太好理解了，因为其他孩子并不会一直愿意让他当领导。

父母至今还没有向他解释性方面的事情。他的行为总是表现出一种统治欲。

他清楚地知道一些我们大费周章才了解到的情况，这就是说，他十分清楚自己想要什么。不过，他必然不理解自己这种无意识的目标及其行为之间有什么联系，他也不 272
明白自己强烈统治欲的程度和根源。他想统治别人，是因为他看到了父亲对家庭的统治，但他越是想凌驾于人，就越是虚弱，因为他不得不因此而依赖别人；而被他当作榜样的父亲却是比较独立地进行统治。换句话说，孩子的野心从虚弱的土壤中生长而来。

他总想挑起事端，甚至对那些比他强的人。

不过，那些强者其实更好对付，因为他们很看重自己的责任。这个小男孩只有在他可以举止无礼时，才相信自己。顺便指出，这种无礼很难根除，因为他不认为自己可以学会什么，因此，便只好以无礼的行为来掩饰自己信心的缺乏。

他并不自私，反而慷慨给予。

如果认为这是善良的标志，那就很难发现这与他性格其他方面的关联性。我们知道，有人会利用表现慷慨来显示优越感，重要的是要看到这种性格特征是如何与权欲契合在一起的。这个孩子把慷慨视为一种个人价值的提升， 273
这很有可能是从父亲那儿学来的，即通过慷慨来自我炫耀。

他依然惹很多麻烦。他最怕自己的父亲，其次是母亲。他说起床就能起来，也并不特别虚荣。

最后一句话只针对外在虚荣，毕竟他内在的虚荣心异常强烈。

他改掉了挖鼻孔的习惯。他非常固执，对食物很挑剔，不喜欢吃蔬菜和肥肉。他并非完全不喜欢交友，但只爱跟自己可以支配的人交往。他非常喜欢动物和花草。

喜欢动物背后总是一种对优越感的追求和对统治的欲求。这种喜爱当然不是坏事，它可以使人与世间万物连成一体。不过，对本案例中的孩子而言，这种对动物的喜欢就是一种统治欲的体现，也表明了他总是想尽办法让母亲操心。

他表现出极强的领导欲，当然并不是指智力上的碾压。他喜欢搜集物品，但并没有足够的耐心，每种收藏都无疾而终。

274 这种人的悲剧在于，他们做事总是有始无终。因为有结果，就需要承担责任，而他最不想承担责任。

10 岁以后，孩子的行为整体上有所改善。以前他不可能待在家里，总想到街上装英雄。需要花好大力气才能使他的行为有所改进。

把他限制在家庭狭小的空间里，实际上是满足其强烈的自我肯定欲望的最好手段。这也难怪他在这个小天地里制造了更多的麻烦。在一定的监护下，还是应该让他去街头玩耍。

他一回家就做作业，并未表现出想离开房间，但他总会找到浪费时间的方法。

当我们把孩子限制在狭小空间并监督他学习时，他一定会注意力不集中，浪费时间。必须给孩子外出活动的机会，让他和其他儿童一起玩耍，这样他就可以在小伙伴中扮演一个不同于在家里的角色。

他过去很喜欢上学。 275

这表明教师对他并不严厉，因而他易于扮演英雄角色。

他过去总是丢书，并不害怕考试，总是相信自己能出色地完成各种事情。

这是一种相当普遍的性格特征。一个人若是在任何情况下都持乐观态度，表明他其实并不自信。这种人无疑是悲观主义者，但他们总会想方设法违反逻辑，沉浸在自己无所不能的梦幻中；即便失败了，他们也不会表现出很惊奇的样子。他们有一种命中注定的感觉，使他们能够以乐观主义者的面目出现。

他无法集中精神。有些教师喜欢他，而另一些教师则相当讨厌他。

似乎那些温和点的教师会更喜欢他，他们欣赏男孩的行为方式。他很少给这些老师制造麻烦，因为老师也没有给他安排多难的任务。像绝大多数被宠坏的儿童一样，他既不愿集中精神，也没有养成这个习惯。6 岁之前他都感
276 觉没有这个必要，因为母亲会照顾好他的一切。生活中的大事小事都被提前安排好了，他就像被关在笼子里一样。一旦遇到困难，他对生活缺乏准备便暴露无遗。他不懂解决问题的方式，他对别人不感兴趣，因而也无法与人合作。他缺乏独立完成事情所必需的期待和自信，他所拥有的就是出风头的欲望，还是不费力气就能出人头地的那种。不过，他没能扰乱学校的安宁，也就是说没能引人注目，而这就更加剧了他的不良行为。

他总想让事情变得轻而易举，总想以最轻松的方式获得一切，而不用顾及任何人。这已经成为他生活的主旋律，他所有的实际行为，例如偷窃和说谎，都体现了这一点。

他生活风格中的错误是显而易见的。诚然，母亲激发了他的社会情感的发展。不过，无论是母亲还是严厉的父亲，都没能为他社会情感的进一步发展指明方向。儿童的社会情感只被局限在母亲的世界之中，只有在母亲面前，他才能感觉到自己是被关注的焦点。

因此，他对优越感的追求不再指向对生活有用的方面， 277
而是指向了自己的虚荣心。为了把他引向对社会生活有用的方面，必须重塑他的性格发展。还要让他重拾信心，这样他才乐于倾听我们的意见。同时，我们必须扩展他的社会关系范围，由此来弥补母亲做得不好的地方。还要帮他和父亲达成和解。对男孩的教育要逐步推进，直到他能够像我们一样，理解到他过去生活方式中的错误。只要他的兴趣不再集中在一个人身上，他的独立性和勇气便会随之增强，他也就会把自己对优越感的追求转向对生活有用的方面。

案例二

这是一个 10 岁男孩的案例。

学校抱怨这个孩子的成绩很差，落后同龄人 3 个学期。

10 岁小孩落后 3 个学期，我们不禁怀疑他是不是智力有问题。

他现在读 3 年级，IQ 是 101。 278

显然，他并不是弱智，那学习落后是什么原因呢？他为什么要扰乱课堂？我们能看到他有一定的追求，也付诸行动，但全都指向无用的一面。他想变得富有创造力、积极主动，也想成为被关注的中心，但方式错了。我们也能看到他和学校对着干，成为好斗者、学校的敌人。因此，我们能够理解他成绩落后的原因：学校常规生活对于他这样一个好斗者来说，是难以忍受的。

他不愿服从命令和纪律。

这确实很明显。他其实很聪明，也就是说，他的不明智表现自有他的道理。如果他是个好斗者，那么他自然会违抗别人的命令。

他和其他孩子打架，把自己的玩具带到学校去。

他想组建一个自己的王国。

他口算成绩差。

这意味着他缺乏社会意识以及与之匹配的社会逻辑（参见第七章）。

他有语言缺陷，每周参加一次语言训练班。

279 这种语言缺陷并非器官缺陷造成的，而是缺乏社会合作的一种症状，反映在语言障碍上。语言体现了一种合作态度，表明个体不得不与其他人相连接。所以说，这个小男孩利用了语言缺陷来作为战斗的武器。我们不用想也知道，他并不打算治好自己的语言缺陷，因为治好就意味着放弃了这个引人关注的工具。

当老师和他说话时，他总是左摇右晃的。

他似乎是在准备发起进攻。他并不喜欢教师和他说话，因为这样一来他就不是被关注的中心了。如果老师说话，而他只能听着，那对方就成了征服者。

母亲（准确来说是继母，亲生母亲在他很小的时候就去世了）抱怨这小孩有点神经质。

这个意味深长的“神经质”掩盖了孩子众多的不良行为。

他是由两个祖母带大的。

一个祖母就已经够麻烦的了，何况还是两个，她们通常都会以一种可怕的方式溺爱孩子。她们这么做的原因值 280
得深思。这是我们文化的缺陷，没有给年长女性适当的社会位置。她们反对这样的待遇，希望能被合理对待，在这一点上她们无比正确。祖母们想证明自己存在的重要性，于是便通过溺爱孩子并使孩子依恋她们，来证明自己的存在价值。她们用这种方式来捍卫自己的独立人格被承认的权利。

当有两个祖母时，可以想象她们之间会有多么可怕的竞争，谁都想证明孩子更喜欢自己。自然，在这种竞争下，孩子仿佛置身天堂，要什么有什么。他只要说一句，

“那个祖母给了我这个”，那么为了压倒对方，这个祖母就会给得更多。孩子是家里关注的焦点，我们可以看出孩子如何把这种关注变成他的目标。如今，他去了学校，那里可没有两个祖母，有的只是一个老师和许多孩子。他想成为焦点的唯一办法就是不听话。

和祖母在一起生活期间，他的成绩并不好。

学校并不适合他，他对学校的准备也不充分。学校是合作能力的测试场，而他此前没有这方面的训练。妈妈才是帮助孩子发展合作能力的最佳人选。

281 *他爸爸一年半前再婚了，他现在跟爸爸和继母一起生活。*

麻烦的情况来了。当继母/继父参与进来，问题就产生了，或者说问题就增加了。继父继母问题是一个传统问题，一直也未见改进，孩子尤其备受困扰和折磨，即使是最好的继母也会遇到问题。这不是说继父继母的问题没法解决，而是说只能以特定的方式解决。继父继母不应该把孩子的感激视为自己应得的权利，而是应该尽最大努力去赢得这种感激。这两位祖母使得情况更加复杂，继母和孩子相处的难度就会增加。

继母刚进入这个家庭时，也曾试图向这个孩子示好。

她尽己所能地讨孩子的欢心。孩子的哥哥也是个能惹事的。

家里还有一个好斗者。想想这两个孩子之间的竞争，他们的争斗欲望只会一再被激起。 282

男孩害怕父亲，顺从他，但不听母亲的话。因此，母亲常常向父亲求助。

这其实是母亲无法教育这个孩子的体现，所以把责任推给了父亲。当这位母亲总是向父亲汇报孩子做了什么、不做什么，当她威胁孩子说“我会告诉你们爸爸”时，孩子们就意识到，她根本没能力管好他们，她已经放弃了这个任务。于是，孩子总找机会对她颐指气使。母亲的言行也表现了她的一种自卑情结。

如果孩子答应听话，母亲就带他去商店，给他买东西。

这位母亲的处境很艰难。为什么？因为她总是生活在祖母的阴影下，孩子总是认为祖母更重要。

祖母只是偶尔来看他。

一个偶尔造访几小时的人很容易打乱对孩子的教育，并把烂摊子全留给了母亲。 283

家里似乎没有一个人真正地爱孩子。

他们似乎都不喜欢这个孩子了。甚至曾经纵容溺爱他的祖母，现在也不喜欢他了。

父亲会打孩子。

打是没有用的。孩子喜欢被表扬，如果受到表扬，他会心满意足。不过，他不知道如何通过正确的行为获得表扬。他更喜欢不经努力就能获得老师的表扬。

如果被表扬了，他会把事情做得更好。

所有想成为关注焦点的孩子都是如此。

老师不喜欢他，因为他总是哭丧着脸。

这是他所能采用的最好方式，因为他是个好斗的孩子。

孩子尿床。

284 这也表明孩子想成为被关注的焦点，但试图以一种间接的方式来实现。他如何间接争取母亲的关注呢？包括但不限于尿床（这样母亲半夜不得不起来）、夜间尖叫、在床上读书却不睡觉、早上不起床、不良的进食习惯。总之，不论白天黑夜，他总有方法让母亲为他操心。尿床和语言缺陷就是他对抗环境的两大武器。

母亲夜间要叫醒他好几次，想让他改掉尿床的习惯。

因此，母亲夜里得来看他好几次。这样，他就达到了被关注的目的。

其他孩子不喜欢他，因为他总想指使他们。但少数弱小的孩子则试图模仿他。

他是一个脆弱、没有自信的人，从不想以勇敢的方式生活。那些弱小的孩子之所以喜欢模仿他，是因为这也是他们获得关注的最佳方式。

另一方面，他并非真的不被人喜欢，“当他的作业被 285
选为全班最好时，有些孩子也很开心他有所进步”。

当他有所进步时，其他的孩子会感到高兴。这也体现了教师教育得法，知道如何在孩子之间培养合作精神。

这孩子喜欢在街头和其他孩子踢球。

当他有把握能成功并征服别人时，他才喜欢与人产生连接。

我们和母亲一起讨论男孩的情况，并向她解释。孩子和祖母的关系让她很为难。这孩子非常嫉妒他的哥哥，总是担心比不上他。在我们的谈话中，男孩总是一言不发，即便我们告诉他，诊所的所有人都是他的朋友。说话对这孩子来说意味着合作，而他只想战斗，不想说话。从他拒绝矫治自己的语言缺陷上，同样能看出他缺乏社会意识。

286 这也许有点令人惊讶。实际上，我们甚至在成人身上也能看到这种情形，成人经常冷战。曾有对夫妻发生激烈争吵，丈夫向妻子大声吼道："看看你现在，怎么不说话了！"妻子回答说："我不是没话，只是不想说。"

案例中的男孩同样如此，"只是不想说话"。谈话结束我们告知孩子可以走了，但他似乎不想离开。他的对抗心理出现了，我们告诉他讨论结束了，可他仍不想离去。我们要求他下周和父亲一起来。

同时，我们对他说："你一句话也不说是很合理的，因为你总是做与别人要求相反的事情。别人叫你说话，你就沉默，而当应该保持安静的时候，你却大声讲话，扰乱课堂秩序。你认为只有这样才算是一个英雄。如果我们告诉你'不准说话'，那么你就会说个不停。我们只需提出与我们真实想法相反的要求，就能引你就范。"

孩子显然是可以被引导着说话的，因为他觉得有必要回答这些问题。这样，他就通过言语交谈与我们合作。之
287 后再向他解释情况，并使他认识到自己的错误之处。于是，情况便慢慢好转起来。

说到这，我们一定要记住的是，只要孩子还处在原来的环境里，他就没有改变的动力。孩子的母亲、父亲、祖

母、教师和小伙伴都习惯了他原有的生活风格，而孩子对他们的态度也都固化了。但是，当他来到诊所时，出现在他面前的是一个全新的场景。我们也必须让这个新场景尽可能的新，实际上也的确是一个完完全全的新环境。如此，他便能更好地暴露出他在原先环境中形成的性格特征。在这种情况下，一个明智的做法就是告诉这个男孩“你不能说话”，这个男孩就会说“我偏要说”。按照这种方法男孩不会感到有人直接和他交流，因而也就不会有所警惕。

儿童在诊所里通常面临很多观众，这给他们留下很深的印象。这是一个全新的环境，他们不用再被以前狭小的空间束缚，而且其他人还会关注到他们，因此，他们感到自己是这个大环境的一部分。他们甚至比以前更想融入集体，特别是在他们被要求下次还得来的时候。他们知道将发生什么——会有人向他们提问题，询问他们情况如何， 288
等等。有些人一周来一次，有些人每天都来，视具体情况而定。有人训练他们对待教师的行为，他们也知道，这里没有人批评、责骂和指责他们，但所有的事情都会被开诚布公地讨论。这样很好，就好比如果一对夫妇在吵架，要是有人打开窗户，那争吵就会停止。因为窗户开着就表明有可能被人听到，而人们通常都不想给人留下自己性格有问题的印象。这是前进的第一步，当儿童来到我们诊所的那一刻，就代表情况向前推进了一步。

案例三

这是关于家中长子的案例，一个 13 岁半的男孩。

他 11 岁时 IQ 就高达 140。
因此称得上是一个聪明的孩子。

从初中第二学期开始，他几乎没有取得进步。

289 根据我们的经验，如果一个孩子认为自己聪明，他会非常期待不努力就获得一切，其结果就是，往往这类儿童反而没什么进步。例如，我们发现这些儿童到了青春期，会觉得自己要比实际年龄更成熟，他们想证明自己不再是小孩子。但越是试图证明自己，就越会遇到很多困难。于是，他们开始怀疑自己是否像自以为的那样聪明。告诉孩子他很聪明，或者说他的智商高达 140 都是不可取的，儿童就不该知道自己智商的高低，包括家长。那么多优秀的孩子后来被耽误了，就是因为这个。告诉他们智商多少是非常危险的，一个充满雄心壮志但没把握能通过正确的方法获得成功的孩子，会去寻求一种错误的成功之道，包括但不限于患神经病、自杀、犯罪、懒惰，或虚度光阴。他们会找出一百个理由来为自己的无效成功作辩解。

他最喜欢的科目是科学，喜欢与比自己年龄小的孩子往来。

我们知道，儿童和年幼者一起玩的目的既是让事情容易一些，也是为了显示优越和成为领导者。如果有儿童喜欢跟比自己年龄小的孩子待在一起，那很有可能是怀有这样的目的，但也有例外，也有的是为了显示父性权威。不过，这也有问题，因为父性的表现就是排斥与年长的孩子交往，而且这种排斥是一种有意识的行为。 290

他喜欢足球和棒球。

因此，我们能假定他非常擅长这两项运动。也许，我们会听说他在某些方面很擅长，但对另一些则丝毫不感兴趣。这意味着只有当他感到有把握取得成功时，他才会积极主动；反之，则会拒绝参与。这当然不是一种正确的行为方式。

他喜欢打牌。

这只能说明他在浪费时间。

打牌将他的注意力从平常生活路线中移开，导致不能按时睡觉和做作业。

现在我们才接触到对孩子的真正抱怨，这些抱怨全都 291

指向同一点：他学业上没能进步，仅仅在浪费时间。

他在婴儿阶段发育缓慢，两岁以后开始迅速发展。

两岁以前为何发育缓慢，我们无从得知，或许是受到了溺爱，如今这一结果是我们在被惯坏的孩子中发现的。那些被溺爱的孩子不愿说话、不愿走路或发挥身体机能，因为他们享受被伺候，这样就不会受到发展的刺激。但他后来发展迅速的唯一解释就是，他的发展受到了刺激。可能正是那些强烈的刺激才使得他成为一个聪明的孩子。

他的显著特点就是诚实和固执。

仅仅知道他很诚实是不够的，诚实自然很好，也的确是一个优点，可我们并不知道他是否会仗着诚实行批评他
292 人之事。诚实还有可能是他自我吹嘘的一种方式。我们知道他喜欢领导和支配他人，而他的诚实便成了彰显优越感的一种表现。我们不能肯定如果处于不利环境中，他是否还能一如既往地诚实。至于他的固执，我们发现，他真的很想走自己的路，喜欢与众不同，而不想被人牵着走。

他欺负弟弟。

对于这个陈述，我们的判断很笃定：他想成为领袖，而弟弟不愿顺从，所以便欺负弟弟。这可不是诚实的表现，而且，如果真正了解他，你还会发现他甚至可以说是

个骗子。他是个吹牛大王，时刻秀着一种优越感。此处表现的确实是一种优越情结，但这种优越情结却清晰地显示出他内心深处的自卑感。由于他人过高的评价，他便低估了自己；而又因为低估了自己，他不得不再通过自我吹嘘来补偿。所以，过度地褒奖是不明智的，因为他会认为别人对自己期望太高，当发现达到别人的期望没那么容易
时，他就开始害怕和担心，结果他就会想办法掩盖自己的 293
弱点，欺负弟弟便是如此。这就是他的生活方式。他感到自己不够强大，也不够自信去独立且恰当地解决生活中的问题，于是沉溺于打牌，打牌的时候就没人发现他的自卑，即使他的学习成绩很差。父母会说，他成绩不好是因为总去打牌，这种说辞恰好挽救了他的骄傲与虚荣。渐渐地，他脑子里也充斥着这个观点，“是的，因为我喜欢打牌，所以我学习不好；如果我不打牌，我就会是最优秀的学生。可是，谁让我喜欢打牌呢”。他对这个说法可太满意了，还自我安慰：自己本可以成为最好的学生。只要这孩子不理解自己心理的这种逻辑，他就会一直自哀自叹，并继续掩饰着自卑感，既阻止自己看清，也不让他人知晓。只要他坚持这么做，他就不会有所改变。因此，我们必须以一种友善的方式向他解释其性格的根源，并且告诉他，他表现得其实像一个感到不能胜任任务的人，他的强大不过是用来隐藏自身的弱点和自卑感而已。再强调一
遍，必须通过友好的方式和不断的鼓励来和他对话。我们 294

不应该总是赞扬他，在他面前不停强调他智商有多高，这可能是他害怕自己不能一直取得成功的原因。我们十分清楚，智商在儿童后来的生活中并没有那么重要。所有优秀的实验心理学家都指出，智商只不过揭示了测试时的情况，而生活是复杂多变的，不可能通过测试就能认识清楚。智商高并不代表孩子真的能够解决生活中的所有难题。

孩子的真正问题在于社会意识的缺乏和自卑感的裹挟，而这些一定要向他解释清楚。

案例四

这是一个 8 岁半小男孩的故事，呈现出孩子是如何被宠坏的。罪犯和神经病患者主要来自这一类儿童。我们时代迫切需要停止溺爱孩子，这不是让我们停止爱他们，而是说必须停止纵容他们。我们应该把他们视为朋友，平等以待。该案例的价值之处就在于它描述了被宠坏孩子的性格特征。

295 *孩子目前的问题是，每个年级都要留级，他现在才刚读二年级。*

一个在一年级就要留级的孩子，很难不怀疑智力是否有问题。我们要在分析中时刻记住这个可能性。另一方面，如果孩子一开始学习很好，后来出现滑坡，那就可以排除弱智的可能性。

他以婴儿的方式说话。

他想被溺爱，所以才模仿婴儿。但这也意味着他心中有明确的目的，因为他认为像婴儿那般表现能带来好处。他这种理性的、意识层面的盘算排除了是弱智的可能性。他不喜欢学校生活，对此也没有准备。所以，他不按照学校的规章制度发展，而是选择与环境对抗和敌对的方式来表达自己的追求。这种敌视态度当然要以每个年级都留级为代价。

他不服管，和哥哥打得异常凶猛。

因此，可以看出，哥哥对他而言就是一个障碍。从这
一点我们可以推测他哥哥肯定是个好孩子。他和哥哥竞争 296
的唯一方式就是当坏孩子。在他的幻想世界里，他会觉得如果自己还是个婴儿，就一定能超过哥哥。

他 22 个月才学会走路。

他可能患过佝偻病，也很有可能因为总是被看护。这 22 个月里，他的妈妈与他形影不离。他越是不会走路，就越是刺激妈妈更加看着他、溺爱他。

他开口说话要早一些。

现在我们可以肯定他不是弱智，弱智很大程度上表现为很难学会说话。

他总是像婴儿那样说话。他爸爸非常温柔慈爱。

他爸爸也很溺爱他。

他更喜欢妈妈，家里有两个男孩。妈妈说哥哥很聪明。两个男孩经常打架。

297 两个孩子之间有竞争。大多数家庭都是这样，尤其是头两个孩子之间。不过，任何两个一起长大的孩子都会产生竞争。出现这种情况的原因是，当另一个孩子出生时，先出生的那个孩子会感到被剥夺了“王位”，就像我们之前提到的那样（参见第八章），只有孩子具有良好的合作性，才能避免这种竞争的出现。

他算术很差。

被惯坏的孩子在校期间最大的困难通常就是学不好算术，因为算术涉及社会逻辑，而他们并不具备这种能力。

他的大脑肯定有问题。

我们没有发现这个问题，他表现得相当聪明。

母亲和老师认为他手淫。

这也有可能，大多数孩子都手淫。

母亲说他有黑眼圈。

我们不能从有黑眼圈就推断他手淫，虽然人们普遍都 298
这么认为。

他对吃的东西非常挑剔。

这表明他总想引起母亲的关注，即使在吃饭的时候。

他怕黑。

怕黑也是被溺爱孩子的一大表现。

母亲说他有很多朋友。

我们认为，这些都是他能够支配的人。

他对音乐很有兴趣。

了解音乐人的外耳形状将有助于解释这一点。人们发现，音乐人的外耳曲线发育得更好。我们观察了这个孩子，他也有一双精致敏感的耳朵。这种敏感性表现在喜爱和谐的声音，并且拥有这种敏感性的人更有能力接受乐理训练。

他喜欢唱歌，但患有耳疾。

这种人很难忍受我们生活中的噪音，他们会比其他人
299 更容易患上耳疾。听觉器官的构造来自遗传，这就是为什么音乐天赋和耳疾都能代代相传。这小男孩深受耳疾之苦，在他家庭体系中有几个音乐天才。

要治好这个孩子，就必须尽力使他更加独立和自立。当前的他很有依赖性，他觉得必须永远占有妈妈，永不离开她。他总是想得到妈妈的照拂，妈妈自然也乐于给予。现在，可以让他自由地做他想做的一切，哪怕是犯错误都没关系。因为只有这样他才能学会自立。他还要学着不与哥哥争夺妈妈的守护，这样他们才不会嫉妒对方，而不像之前那样觉得对方才是受宠的那一个。

尤其有必要的是，要让孩子勇敢地面对学校生活中的问题。想一想，如果他不继续上学，那么会出现什么情况。一旦他脱离学校，就会偏向生活中无用的一面。他今
300 天逃学，明天就可能彻底不上学、离家出走或加入帮派。预防胜于治疗，现在帮他适应学校生活可比以后面对一个少年犯好太多了。学校是一个重要的测试场，这个男孩目前没有准备好以成熟的方式去解决问题，所以才会在学校遇到困难。不过，学校应该给他新的勇气，当然，学校也有自己的问题：也许班级人数太多，也许教师对如何从心理学视角激发学生的勇气准备不足。这就是悲剧所在。不过，如果这个小男孩可以遇到一个能正确地鼓励他、让他振作起来的老师，那么他就得救了。

案例五

这是一个 10 岁女孩的案例。

女孩由于在算术和拼写方面有困难，被送到我们诊所。

对于被溺爱的孩子来说，算术通常是一门难学的科目。但这不是说被溺爱的孩子算术一定不好，只是我们经常发现情况就是如此。我们知道，左撇子通常都有拼写困 301
难，因为他们习惯从右向左看书和阅读。他们能够正确地阅读和书写，但是方向是反着的。他们的读写其实都是正确的，只不过方向反了而已，对于这一点通常没有人理解；人们只知道他们不会读，便简单地概括为他们就是没法正确读写。因此，我们推测这个女孩可能是左撇子。或许她拼写有困难还有其他的原因。如果在纽约，我们还必须考虑到她可能来自其他国家，因而不熟悉英语。若是在欧洲，我们就不必考虑这个可能性。

过去生活中的重要事件：她的家庭在德国丧失了大部分财产。

我们不知道她何时从德国过来的。这个女孩也许曾有一段幸福时光，却戛然而止了。新环境像是一种测试，揭

示出她是否接受过合作能力的训练，是否具有社会适应性
301 和足够的勇气。也会揭示出她是否能够承受贫穷的重负，换句话说，这也意味着她是否学会了与人合作。从目前的情况来看，她的合作意识尚有欠缺。

她在德国时还是个好学生，但8岁就离开了德国。

这是两年前的事。

她在美国学校的情况并不好，因为她拼写有困难，而且这里算术的教学方式也与德国不一样。

教师没法对学生的问题面面俱到。

母亲溺爱她，她也非常依恋母亲。她对父母的喜欢是一样的。

如果你问孩子：“你更喜欢爸爸还是妈妈?”他们一般会回答说：“我都喜欢。”这个回答都是有人教给他们的。有许多方法可以测试这种回答的真实性，其中一种就是让孩子坐在父母中间，当我们和父母说话时，孩子会转向自
303 己最喜欢的人。同样，当孩子进入房间时，她会走向自己最喜欢的那个人身边。

她有一些同龄的女性玩伴，但并不是很多。她最早的记忆是，8岁在德国和父母住在乡下，那时的她经常在草

地上和小狗玩耍，她家那时候还有一辆马车。

她仍然记得曾经的富裕生活、草地、小狗和马车。这就像一个落魄的富人，总是回望当初拥有汽车、马匹、漂亮的房子和佣人时的日子。我们可以理解为她对目前的状况并不满意。

她会梦到圣诞节，梦到圣诞老人给她礼物。

她在梦里表达的愿望和现实中一样。她总想获得更多的东西，因为她感到自己被剥夺了很多，想重新获得过去所拥有的一切。

她喜欢依偎着母亲。

这是一种丧失勇气和在学校遭遇到困难的迹象，我们向她解释说，尽管她比其他孩子遭遇到了更多的困难，但她可以通过加倍努力和变得勇敢来获得进步。

她再来诊所时，妈妈没有陪着。她在学校的表现有所 304
好转，在家里也可以独自做自己的事情。

我们建议她学会独立，不要依赖母亲，要独立去做自己的事情。

她为父亲做早餐。

这是发展合作意识的一个迹象。

她觉得自己更勇敢了，和我们谈话时似乎也更自在从容。

我们要求她回去把母亲带过来。

她和母亲一起回来了。这是母亲第一次来诊所，之前忙于工作，一直脱不开身。这位母亲说女孩不是她亲生的，是在两岁时被收养的。但女孩并不知道自己是养女，在她出生的头两年，先后被转送了六处人家。

女孩的过去并不美好，她似乎在生命的头两年受了很多苦。因此，我们面对的是一个曾遭人遗弃和忽视而后来受到细心照料的女孩。由于早年痛苦生活的无意识印迹，
305 她很想紧紧抓住目前这种良好的处境，她对那两年的印象实在太深刻了。

当这位母亲把女孩带回家的时候，有人跟她说必须严格管教孩子，因为女孩原先的家庭并不好。

给出这个建议的人深受遗传说的毒害。如果她对女孩严格要求，而女孩的确出现了问题，这人就会说："你看，我说得对吧。"殊不知孩子变成这样，也有他的一份责任。

女孩的亲生母亲太坏，使得养母感到自己对她责任重大，因为毕竟不是自己的孩子。养母有时体罚孩子。

现在的情况大不如前。养母对她的溺爱态度有时会突然中止，而代之以严厉惩罚。

养父溺爱这个孩子，满足她一切需求。如果她想要什么，她不会说“拜托”或“谢谢”，而是说“你不是我妈妈”。

孩子要么知道真相，要么只是碰巧说了这么一句击中要害的话。我们认识一个20岁的男生，他并不相信母亲是自己的亲生母亲，但他的养父母发誓说，这孩子肯定不知 306
道真相。可是很显然，男生就是有这种感觉。儿童能从很微小的事情上得出结论，自以为“孩子不可能知道自己是被收养的”，但其实他们早已有所察觉。

这女孩只跟母亲说这样的话，但不会对父亲这么说。

因为父亲满足了她的一切要求，她没有机会攻击父亲。

母亲不能理解女孩在新学校的变化。女孩现在成绩差，她便体罚孩子。

可怜的孩子得到了一张糟糕的成绩单，她感到羞愧和自卑，回家后母亲还打她。女孩承受的也太多了，单拎出来任何一个，无论被打还是成绩差，就已经够受的了。这一点值得教师深思，他们应该认识到，给出不好的成绩单的那一刻，就是孩子回家受到更多惩罚的开始。如果教师知道这意味着母亲会责打孩子，那么明智的教师应该避免给予学生这样的成绩单。

孩子说自己有时会不受控制，突然发脾气。她在学校
307 情绪激动亢奋，扰乱课堂。她认为自己必须永远第一。

我们很能理解这种欲望，作为家里唯一的孩子，她习惯了从父亲那里获得想要的一切。我们也能理解她喜欢成为第一，她过去曾拥有乡村的草地，如今却感到被剥夺了以往的一切优势。因此，她现在更为强烈地追求优越感，可是没有找到正确的表达渠道，便忘乎所以，制造麻烦。

我们向她解释，她必须学会与人合作，她的激动亢奋只是为了成为关注的焦点，她发脾气也是为了找个理由让别人都注视她。母亲因为成绩朝她发火，为了对抗母亲，她便不努力学习。

她会梦到圣诞老人给了她很多东西，但醒来时却发现一无所有。

她总想唤起那种曾经拥有一切的美好感觉，可“醒来时却一无所有”。我们不要忽视其中隐藏的危险。如果我们在梦中唤起了这种感觉，而醒来什么都没有，我们自然
308 会感到失望。然而，梦中的感觉和醒来时的态度是一致

的。换句话说，梦中的情绪其目的不是唤起一种坐拥一切的辉煌感，而恰恰是唤起一种失望感。她做梦的目的就在于此，当目的达成，失望感随之而来。很多抑郁的人都做着类似的辉煌之梦，醒来时却发现一切与梦中相反。我们能理解女孩为什么想要这种失望感。她如今的生活一片黑暗，于是就想把一切归咎于自己的母亲。她感到自己一无所有，而母亲什么也不给她。“她打我，只有爸爸才满足我的要求。”

下面对这个案例作个总结。女孩总是追求一种失望感，进而把这种情绪归咎于自己的母亲。她在反抗自己的母亲，如果我们想停止这种对抗，就必须说服她相信，她在家里、梦中和学校的行为全都按着完全相同但错误的模式进行。她错误的生活风格很大程度上是由于她来美国时
间太短，没能熟练掌握英语造成的。因此，我们要让她相 309
信，这些困难本来很容易克服，而她却故意利用它们作为对付母亲的武器。我们也必须说服母亲停止责罚孩子，这样就不会给她反抗的借口。我们还得让孩子意识到，“我之所以注意力不集中、控制不住自己、乱发脾气，都是因为我想给妈妈制造麻烦”。如果她认识到这点，那么她就会停止自己的不良行为。在她没有认识到自己在家里、学校和梦境中的所有经历和印象的真正含义之前，要改变她的性格简直痴心妄想。

如此，我们就明白了什么是心理学，心理学就是试图

了解一个人如何使用自己的印象和经历。换句话说，心理学意味着了解儿童行动和对刺激作出反应的感知方式，了解他如何看待那些刺激、如何回应刺激，以及如何运用它们来达到自己的目的。